JN113679

モジュラーな
レスポンシブデザインを実現する
CSS 設計論

ヘイドン・ピカリング、アンディ・ベル　著　安田 祐平、横内 宏樹　監訳

Born Digital Inc

日本語版に寄せて

Every Layoutを執筆したことの一番の賜物は、本書の読者から送られた感想です。何週間も、何ヶ月も、あるいは何年もCSSと格闘し続けてきたという人々が、Every Layoutのおかげでようやく何かが腑に落ちたと語ってくれました。

CSSを学ぶことは、他のプログラミング言語を学ぶことと同じように、そう簡単な話ではありません。しかし、私たちがEvery Layoutを通して伝えたいのは、物事をできる限りシンプルにしておくことで、CSSは最大限の力を発揮できるということです。

もしあなたが、CSSレイアウトと格闘しているかのように感じているとすれば、ブラウザが判断すべきことを自らで制御しようとしているせいかもしれません。Every Layoutを手に取っていただければ、一連の、組み合わせ可能なシンプルなレイアウトによって、ブラウザやCSSに組み込まれたアルゴリズムをより良く活用する方法を学ぶことができます。

Every Layoutのアプローチは、私たち自身のCSSの書き方です。同時に、過去20年の経験に裏打ちされた最良のやり方でもあります。だからこそ、日本の読者のみなさんにもEvery Layoutをお届けできることをうれしく思います。本書がお役に立てることを願っています。

ヘイドン、アンディ

監訳者まえがき

CSSは、規則の記述を通して一貫性のあるスタイルを実現するために設計された言語です。同時に、いくつもの画面サイズや端末、ブラウザやユーザー設定といった要素の掛け合わせからなる、多様な閲覧環境に対応できる特性を持ち合わせています。

誰でも簡単に書き始められる一方で、これらの性質を活かした上手な使い方をすることは容易ではありません。

よく話題に上がるのは、CSSは管理し続けることが難しいという問題です。とても柔軟な仕組みでできている言語であるだけに、裏を返せばいくらでもルーズな使い方ができてしまう環境でもあるからです。そのため、制作者が節度を守った使い方ができることは重要な前提です。しかし本当の問題は、CSSをどのように使うべきかです。

多くの人はたいてい、セレクタの話に目を向けます。クラス名の形式を揃えるための命名規則や、レイヤーを表現するためにどのように構造化するか。あるいは、昨今注目を浴びているCSS in JSやCSSモジュール、ユーティリティファーストCSSも、いかにしてセレクタの問題を解決するかが焦点です。

反面、本書で紹介されているのは、素直にCSSらしく作るための方法論です。CSSの強みであるしなやかな性質を活用しながら、弱点は回避できるようなベストプラクティスを用いて、シンプルな設計を実現するための考え方について論じています。

本来CSS設計において解決すべき問題は、複雑性です。無理のある作り方をしてしまうほどCSSの複雑性は高まり、管理しづらい構造になってしまいます。あえて今こうした基本に立ち返ることで、これまで見過ごしていた問題や根本的な誤解を解消できれば、複雑性はかなり低減されるはずです。

本書のもうひとつのテーマは、堅牢なレイアウトシステムの作成です。特にレスポンシブWebデザインを前提としたとき、レイアウトに独自の制約ができたり、再利用性や一貫性の問題に突き当たってしまうことがよくあります。その解決のために本書が提案するのは、「メディアクエリの使用を意図的に避ける」というものです。ビューポートの幅に応じてレイアウトを切り替えるアプローチでは、限られたコンテキストでしかそのレイアウトが機能しなくなってしまうからです。

代わりに、「レイアウトプリミティブ」と呼ばれるパターンによって対処します。ビューポートの幅ではなく、内包するコンテンツやコンテナのサイズに応じて最適なレイアウトを自動で導出できるアルゴリズムによって成り立つ、レイアウトのための小さなコンポーネントのことです。レイアウトプリミティブは非常に高い再利用性を持つように設計されており、プロジェクトに導入することでレイアウトのためのコードが大幅に削減できます。また副次的効果として、コンポーネント設計においてレイアウトの責務の分離が促されることになり、結果的にあらゆるコンポーネントの境界がよりはっきりとしたものになるという利点もあります。

レイアウトプリミティブは、レスポンシブWebデザインのベストプラクティスと言えます。これを共通言語に据えることで、チームでのコミュニケーションもより円滑に進められるでしょう。デザインカンプ中心のワークフローでは、最初からこれらのパターンを意識しておくことで、より精緻な設計が実現できるはずです。

Every Layoutは、CSSの方法論におけるベースラインとなる存在だと私たちは考えています。CSSを書いていて、もっとうまく使えるようになりたいと思ったとき、本書はきっとお役に立てるはずです。

もちろん時代の要請や、それぞれのプロジェクトの条件によって、最適なやり方は都度変化していくでしょう。しかし、普遍的な考え方も必ずここにあります。今のやり方がうまくいかないと感じたときや迷ったとき、ぜひ本書を手に取って基本に立ち返ってみてください。

本書を読み終えたとき、読む前よりも少しCSSのことを好きになっていてもらえれば、監訳者冥利に尽きます。

安田祐平、横内宏樹

原書について

本書は、Webサイト『Every Layout』（https://every-layout.dev/）に付属する電子書籍版をもとに編集された日本語訳版です。本書の出版時点では、その最新の内容が反映されていますが、原書は今後アップデートされる可能性があります。
最新の内容を確認するには、本書とは別途、Webサイトからアクセス権を購入する必要があります。なお、本書に登場するURLの一部は当該Webサイト内のものですが、これについては誰でもアクセスすることができます。また原書では、電子書籍版にのみ、タイトルに「2nd Edition」という表記が含まれますが、日本での出版に際しては取り除いています。

Contents 目次

Chapter 2 レイアウト 067

2-03 Center 094

2-04 Cluster 105

2-05 Sidebar 118

2-06 Switcher 131

2-07 Cover 144

2-08 Grid 156

2-09 Frame 170

基礎

1 01 ボックス

レイチェル・アンドリュー（Rachel Andrew）が気づかせてくれたように、Webデザインにおいてはすべてがボックス ※1 です。つまり、ボックスを生成するかしないかのどちらかです。必ずしもすべてのボックスがボックスのような見た目をしているわけではなく、border-radiusやclip-path、transformを使うと、ボックスのように見えなくなることがあります。それでも、ボックス状のスペースを占有することには変わりありません。したがってレイアウトとは必然的に、ボックスを配置することなのです。

ボックスの組み合わせによって「合成レイアウト」（「コンポジション」の節を参照）を作成できるわけですが、その前に、ボックス自体の標準的な振る舞いについて理解しておきましょう。

ボックスモデル

ボックスモデル ※2 はレイアウトボックスの基礎となるモデルであり、コンテンツおよびパディング、ボーダー、マージンから構成されています。CSSではこれらの値に手を入れることで、要素のあらゆるサイズや形状といった表示方法を変更できます。

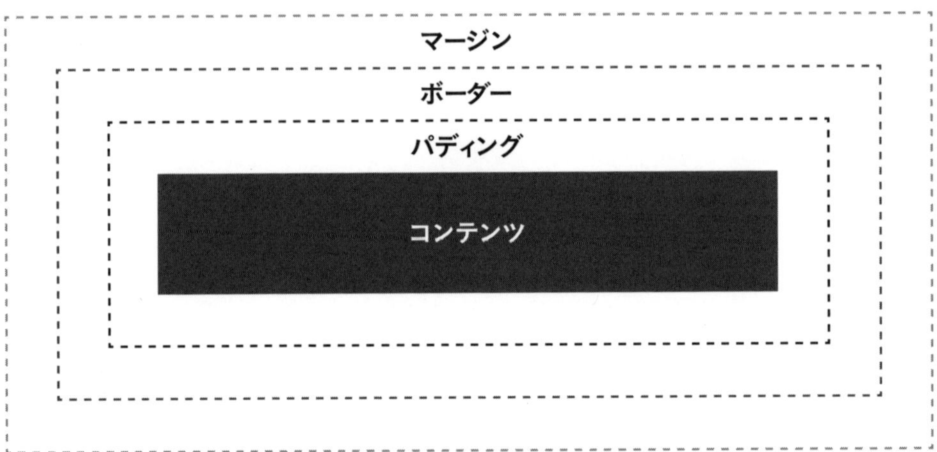

ありがたいことに、Webブラウザはいくつかの要素にデフォルトのCSSスタイルを適用してくれます。これによって、制作者によるCSSが適用されていない場合でも、あ

※1. **Digging Into The Display Property: Box Generation - Smashing Magazine**▶displayプロパティの値がボックスの生成にどのように作用するかについての解説です。 https://www.smashingmagazine.com/2019/05/display-box-generation/

※2. **Box dimensions § Box model**▶ボックスモデルにおけるサイズについて定義する仕様です。 https://www.w3.org/TR/CSS2/box.html#box-dimensions

る程度は読みやすくレイアウトされます。

Chromeでは、段落（<p>）のデフォルトのユーザーエージェントスタイルは次のようになります。

```
p {
  display: block;
  margin-block-start: 1em;
  margin-block-end: 1em;
  margin-inline-start: 0px;
  margin-inline-end: 0px;
}
```

そして、順序なしリスト（<ul>）のスタイルは次のようになります。

```
ul {
  display: block;
  list-style-type: disc;
  margin-block-start: 1em;
  margin-block-end: 1em;
  margin-inline-start: 0px;
  margin-inline-end: 0px;
  padding-inline-start: 40px;
}
```

displayプロパティ

前述のふたつの例では、要素のdisplayプロパティはblockに設定されています。ブロック要素は一般に、ある一方向において利用可能なスペースすべてを占有します。通常は水平方向のスペースを占めますが、これは書字方向（writing-mode）がhorizontal-tb（横書きかつ上から下へのフロー方向）に設定されているためです。いくつかの言語（モンゴル語など ※3）においては、vertical-lrが適切な書字方向である場合もあります。

※3. **Styling vertical Chinese, Japanese, Korean and Mongolian text**▶CSSの標準仕様を用いて、縦書きのテキストコンテンツを作成する方法についての解説です。 https://www.w3.org/International/articles/vertical-text/index.en

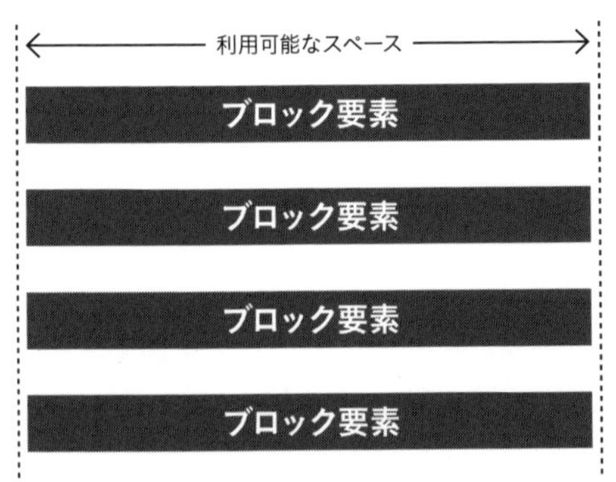

writing-mode: horizontal-tb

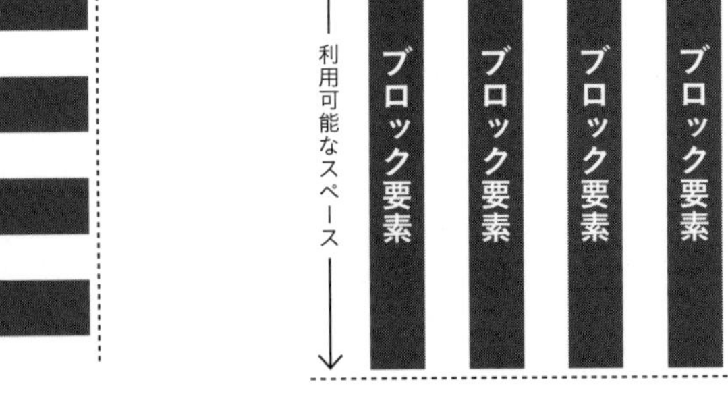

writing-mode: vertical-lr

インライン要素（displayの値がinlineのもの）は異なる振る舞いをします。要素のコンテキストや行の向き、書字方向に沿って「行の中（in line）」に展開されます。要素が保持するコンテンツと同じだけの幅になり、スペースが空いていればどこにでも流れ込んで配置されます。ブロック要素は「フロー方向」に、インライン要素は書字方向に付き従います。

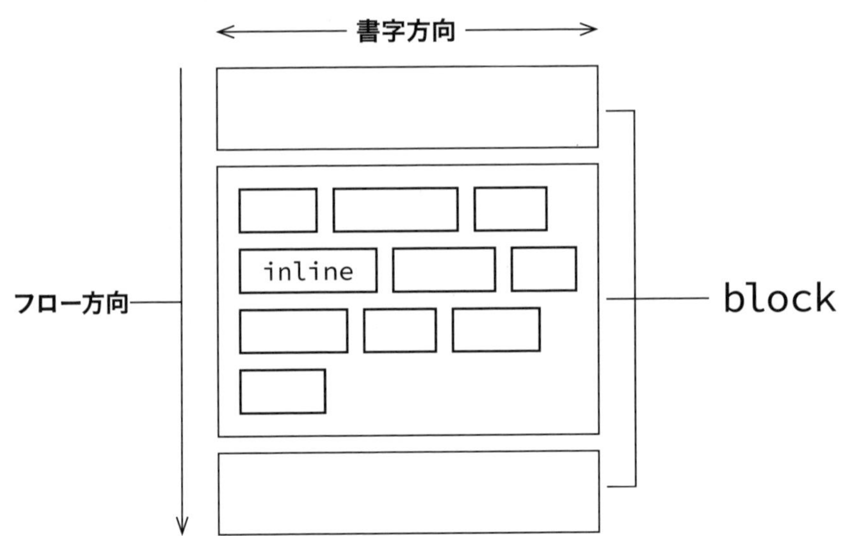

タイポグラフィ的に考えると、ブロック要素は段落で、インライン要素は単語のようなものかもしれません。

ブロック要素（ブロックレベル要素 ※4 とも言います）では、ボックスの水平および垂直方向のサイズが制御できるようになっています。つまり、幅や高さ、マージンやパディ

※4. **Block-level elements - HTML: HyperText Markup Language | MDN** ▶ブロックレベルの要素の性質と、その分類方法と歴史的経緯についての解説です。従来存在した、HTML要素がブロックレベルかインラインレベルかという分類は、現在のHTML5では削除されました。本書における「ブロック要素」および「インライン要素」は、仕様としては厳密ではない、世俗的な表現です。
https://developer.mozilla.org/en-US/docs/Web/HTML/Block-level_elements

ングをブロック要素に適用すると、その通りに反映されます。一方で、インライン要素の大きさは「内在的（intrinsically）」に決定されます。設定の余地があるのは水平方向のマージンとパディングのみで、widthやheightの値を指定しても効果がありません。インライン要素は、その周りの別のインライン要素の流れに適合するように設計されています。

displayプロパティの比較的新しい値であるinline-blockは、blockとinlineを組み合わせたものです。inline-block要素には垂直方向のプロパティを設定することもできますが、次の図が示すように、必ずしも好ましい結果にはなるわけではありません。

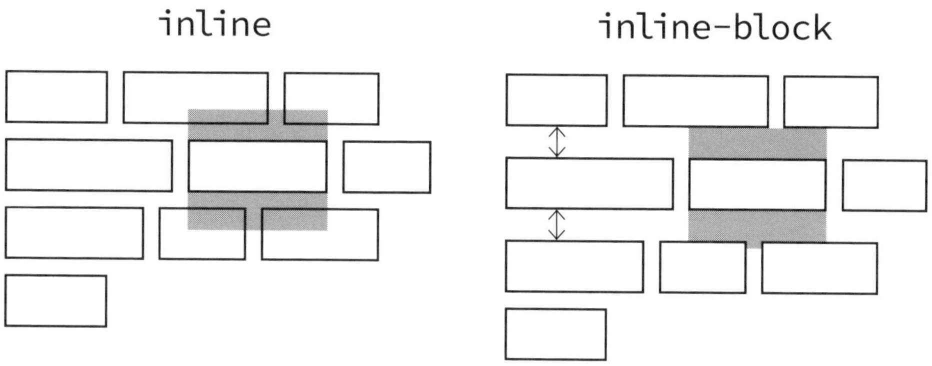

基本的なdisplayの種類のうち、残るはnoneのみです。この値は、要素をレイアウトから完全に取り除きます。視覚的に存在しなくなり、周囲の要素のレイアウトにも影響を与えません。まるで要素自体がHTMLから取り除かれたかのようになります。そしてブラウザは、display: noneになっている要素の存在やそのコンテンツを、スクリーンリーダー※5などの支援技術に伝達することもありません。

整形コンテキスト

display: flexやdisplay: gridを<div>に適用しても、その要素自身の振る舞いはdisplay: blockを指定されたブロック要素と変わりません。しかし、その子要素の振る舞いが変化します。たとえば、display: flexだけを親要素に適用すれば（かつ他のフレックスボックス関連のプロパティを指定しなければ）、その子要素は水平方向に割り付けられます。別の言い方をすれば、「フロー方向」が垂直から水平に切り替わります。

※5. Screen reader - Wikipedia ▶画面上の情報を音声で読み上げることで操作を支援する技術です。 https://en.wikipedia.org/wiki/Screen_reader

整形コンテキストは、本書で取り上げている多くのレイアウトの基本になっています。Every Layoutのレイアウトコンポーネントは整形コンテキストがあってのものです。「コンポジション」の節では、さまざまな整形コンテキストを入れ子にすることで「合成レイアウト」を作成する方法を探究していきます。

ボックスにおけるコンテンツ

Webは情報を伝達するパイプです。その情報はテキストを中心に、画像や動画のようなメディアを加えたものであり、総称して「コンテンツ」と呼ばれます。ブラウザには行の折り返しやスクロールのアルゴリズムが組み込まれていますが、これはコンテンツを完全な状態でユーザーに送り届けられるようにするためです。画面サイズやページのズーム倍率などの設定がどのようになっていたとしてもです。Webは大体においてデフォルトで「レスポンシブ ※6」なのです。

何も設定しなければ、要素のサイズや形状はコンテンツによって決まります。コンテンツに応じて、`inline`要素は水平方向に、`block`要素は垂直方向に伸び広がります。ボックスの「領域」は、包含するコンテンツの領域に従って計算されるのです。Webコンテンツは「動的」なもの（変化を前提としたもの）であるため、Webレイアウトを静的な表現として捉えてしまうと相当な思い違いに繋がります。本書では、最初からCSSとその柔軟性を直接使ってデザインすることを強く推奨します。

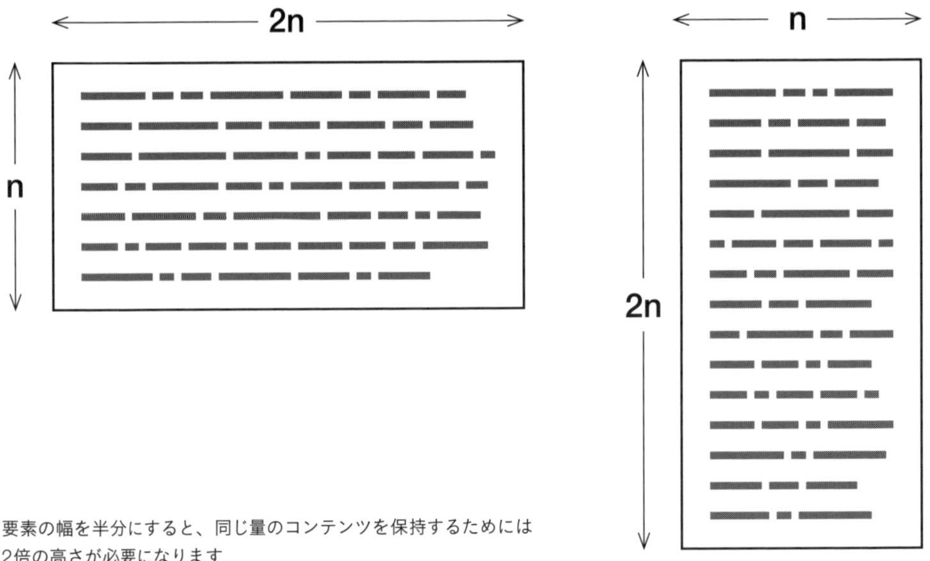

要素の幅を半分にすると、同じ量のコンテンツを保持するためには2倍の高さが必要になります

※6. Responsive Web Design - A List Apart ▶「レスポンシブウェブデザイン」という用語を、その特徴とともに最初に定義した記事です。 https://alistapart.com/article/responsive-web-design/

box-sizingプロパティ

デフォルトではボックスのサイズは、保持するコンテンツにパディングとボーダーの値を「足した」サイズになります（初期値がbox-sizing: content-boxのため）。これはたとえば、要素の幅を10remに設定したうえで、両側に1remのパディングを加えると、幅は12remになるということです。10remに、左のパディングの1remと右のパディングの1remを足した結果です。もしbox-sizing: border-boxを使うと、コンテンツ領域はパディングの分だけ縮まって、合計した幅は指定されたwidthの10remと等しくなります。

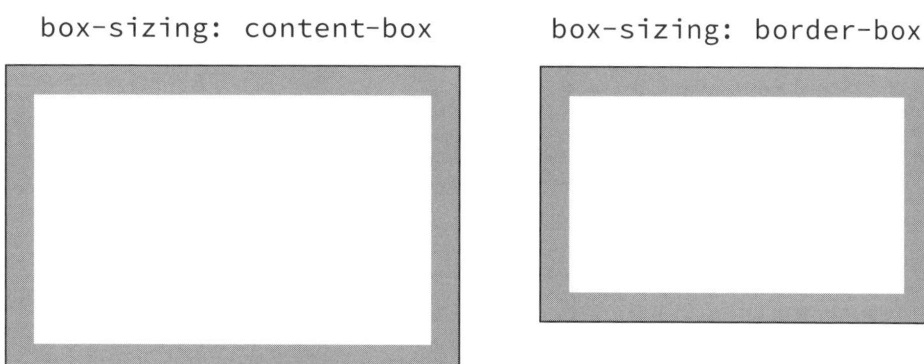

一般的に、すべてのボックスにborder-boxモデルを使うのが望ましいとされています。そうすることでボックスのサイズの計算や予想が簡単になります。

box-sizing: border-boxのようにすべての要素に適用できるスタイルは、*セレクタ（「ユニバーサルセレクタ」または「ワイルドカードセレクタ」）で適用するのが最もよいでしょう。「グローバルスタイルとローカルスタイル」の節で詳しく述べますが、CSSでは複数の要素（この場合ではすべての要素）のレイアウトに同時に作用できるおかげで、効率的なレイアウト設計を実現できるのです。

```
* {
  box-sizing: border-box;
}
```

例外

border-boxを使わない例外として、本書で解説しているCenterレイアウトなどのように「コンテンツ自身」のサイズが重要になるものがあります。CSSのカスケード※7は、このような全体的な規則に対する例外に適応するよう設計されています。

```
* {
  box-sizing: border-box;
}

center-l {
  box-sizing: content-box;
}
```

ボックスの高さまたは幅が指定されている場合のみ、content-boxとborder-boxとの間には違いが出ます。次の図のように、あるブロック要素を別のブロック要素の中に配置するとしましょう。子要素にはcontent-boxモデルを使いつつ、パディングを1remにした場合、width: 100%が適用されたときに2rem分だけはみ出してしまいます。

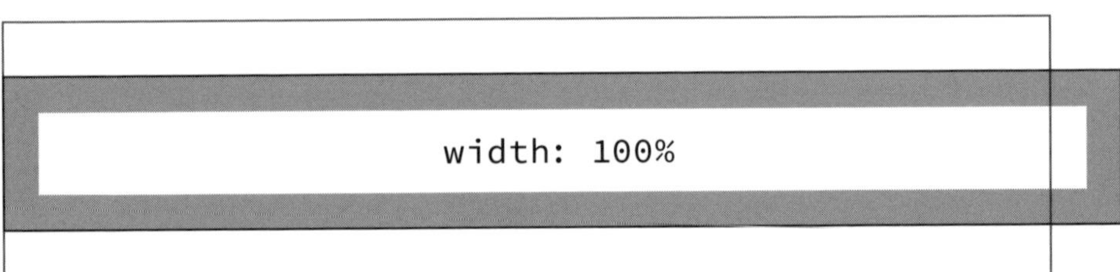

なぜでしょうか？　それはwidth: 100%が意味するのは、「この要素の幅を親要素の幅と同じにする」という指示だからです。ここではcontent-boxモデルを使っているので、まず「コンテンツ」を100%の幅にしたうえで、その値にこのパディングが足されることになります。

※7. Introducing the CSS Cascade - CSS: Cascading Style Sheets | MDN ▶ https://developer.mozilla.org/en-US/docs/Web/CSS/Cascade

しかしwidth: autoを使うと（autoはデフォルト値なので、width: 100%を取り除くだけでよいです）、子ボックスは親ボックスにぴったり収まります。これはbox-sizingの値にかかわらずそうなります。

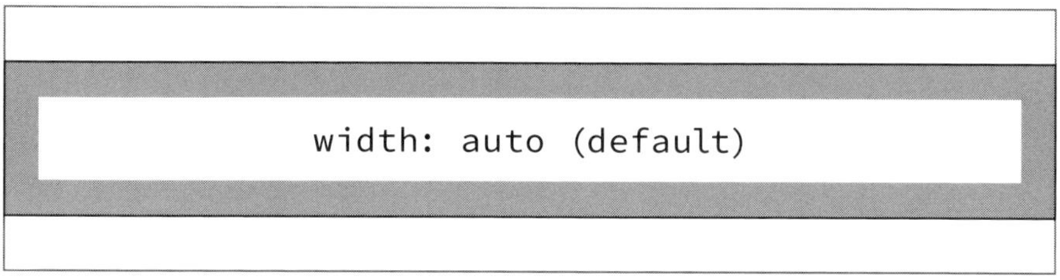

heightも同じく初期値がautoに設定されているため、高さはコンテンツに応じて決まります。先ほどと同様に、box-sizingの影響は受けません。

そこから示唆されるのは、要素のサイズは可能な限り、その内側のコンテンツと外側のコンテキストから「導出」されるべきということです。サイズを「規定」しようとするほど、問題が生じやすくなります。私たちがビジュアルデザイナーとしてすべきことは、レイアウトがどのような形であるべきかという「意図の提示」です。たとえば、min-heightを用いたり（「Cover」の節を参照）、flex-basisに任せたりすることもできるでしょう（「Sidebar」の節を参照）。

意図からなるCSSは、アルゴリズムに基づいたレイアウト設計の根幹です。何をすべきかをブラウザに指示するのではなく、ユーザーやその画面、端末のために最適な結果になるよう、ブラウザ自身の計算によって独自の結論を引き出させましょう。すべては、いかなる状況においても、どのユーザーに対しても、コンテンツが壊れた状態で送り届けられてしまうことをなくすためです。

1 02 コンポジション

プログラマーにはおなじみの「継承よりコンポジション[※1]（Composition over inheritance）」という原則があります。継承によってすべてを共通のオリジンに結びつけるよりも、単純な独立した部品（オブジェクトやクラス、関数）を組み合わせるほうがより柔軟で効率的になるという考え方です。

「継承よりコンポジション」の原則は「ビジネスロジック」に限った話ではありません。コンポジションを採用することは、フロントエンドのアーキテクチャやビジュアルデザインにおいても理にかなっているのです（Reactのドキュメントには、それだけについて言及しているページがあるほどです[※2]）。

コンポジションとレイアウト

コンポジションが「レイアウトシステム」にもたらすメリットについて、コンポーネントを例に考えてみましょう。ここではダイアログボックスを取り上げます。インターフェイスというものはダイアログボックスを「必要とする」ものだからです（その理由については立ち入りません）。次のような見た目をしています。

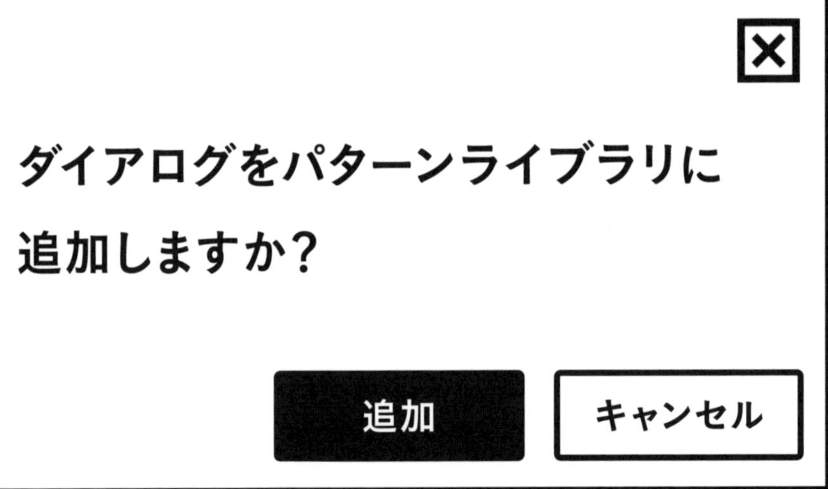

※1. Composition over inheritance - Wikipedia ▶ https://en.wikipedia.org/wiki/Composition_over_inheritance
※2. Composition vs Inheritance - React ▶ https://reactjs.org/docs/composition-vs-inheritance.html

では、この見た目はどのようにして作るのがよいでしょうか？　まず考えられるのは、ダイアログ専用のCSSを記述することです。ダイアログのボックスに「ブロック」の識別子（CSSでは.dialog、HTMLではclass="dialog"）を指定して、この名前空間の中でスタイルを宣言します。

```
.dialog {
  /* ... */
}

.dialog__header {
  /* ... */
}

.dialog__body {
  /* ... */
}

.dialog__foot {
  /* ... */
}
```

あるいは、ダイアログのスタイルをサードパーティーのCSSライブラリやフレームワークから読み込むという方法もあります。いずれにせよ、ダイアログをダイアログらしく見せるために使われるCSSの多くは、よく似た他のレイアウトでも使えるはずです。しかし、すべてが.dialogの名前空間の下にあるため、次のコンポーネントを作るときに共有できるはずのスタイルも複製することになります。こうしてCSSが肥大していきます。

ここで問題となるのは名前空間の部分です。継承の考え方では、UI部品が最終的に「何と呼ばれるか」を最初に意識せざるを得ません。その部品やその部品を構成するより小さな部品が「何をするのか」がはっきりする前にです。そこで、コンポジションの出番となるのです。

レイアウトプリミティブ

前述の例での間違いは、ダイアログという形状のすべてを、孤立した、独自のものと考えていたことです。しかし実際にはコンポジションにすぎず、基本的なレイアウトを組み合わせただけです。Every Layoutの目的は、それらひとつひとつの小さなレイアウトが何であるかを定義し、取りまとめることです。本書ではこれらを「プリミティブ」と呼びます。

プリミティブという用語には、言語学的な意味合いや数学的、コンピューティング的な意味合いがあります。いずれの場合もプリミティブとは、それ自体は独自の意味や目的は持たないものの、「コンポジション」の一部として扱われることで、何かしらの意味や「語彙」を形成できるようなものです。言語で言えば単語や言い回しのようなもので、数学なら等式、デザインではパターン、開発においてはコンポーネントというところでしょうか。

JavaScriptでいうならば、ブーリアン型はプリミティブです。`true`（または`false`）の値だけをコンテキスト無しに見たとしても、JavaScriptアプリケーションそのものについてわかることはほとんどありません。一方で、オブジェクト型はプリミティブではありません。オブジェクトを独自のプロパティの指定無しに記述することはないでしょうから、オブジェクトは自ずと制作者の意図を伝えるものになります。

ダイアログにはUIパーツとしての意図がありますが、その構成要素にはありません。Every Layoutのレイアウトプリミティブを使えば、ダイアログボックスのコンポジションは次のように実現できます。

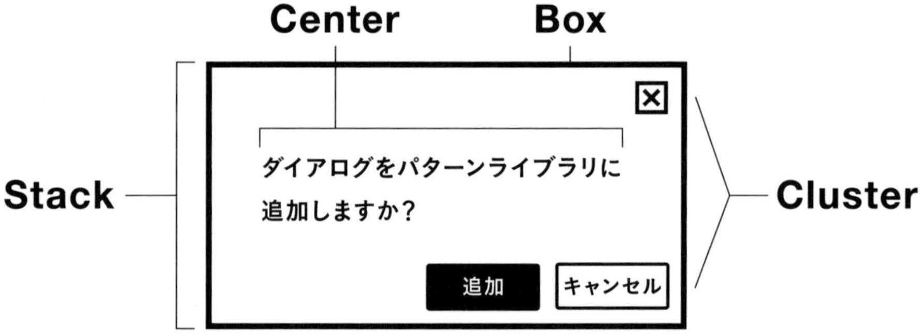

ほとんど同じプリミティブを使って、登録フォームを作ることもできます。

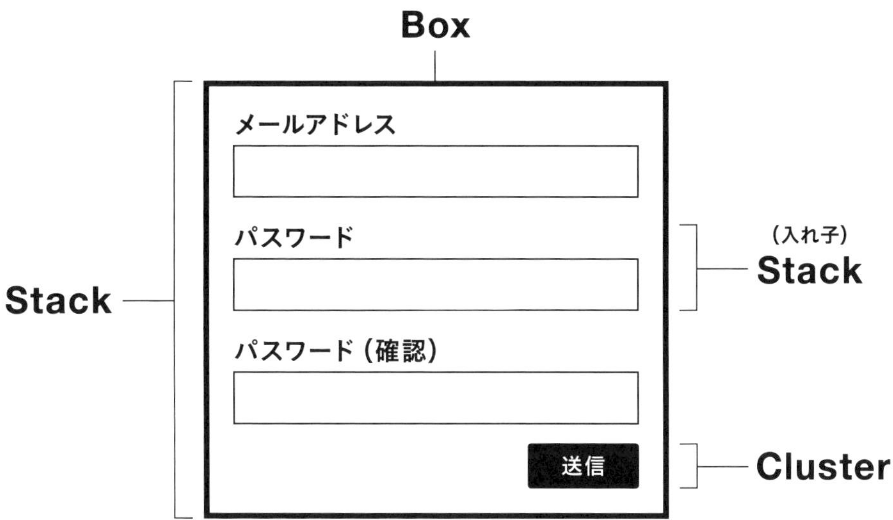

カンファレンス発表用のスライドのレイアウトも同様に。

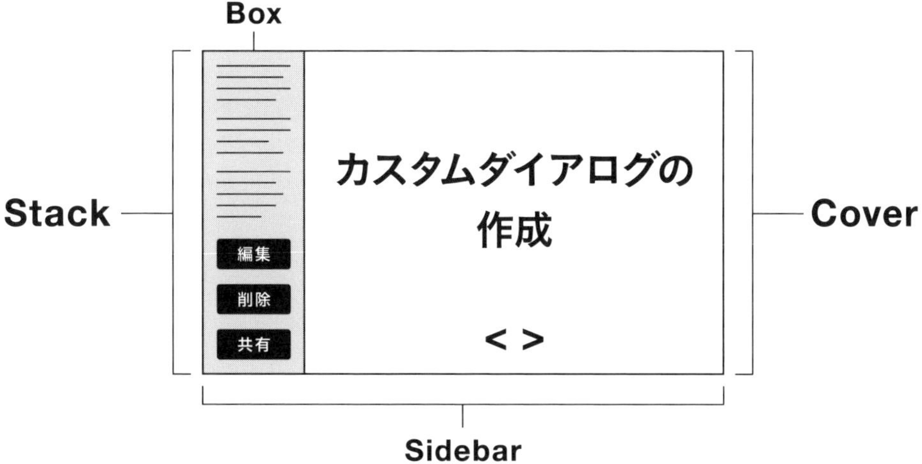

内在的にレスポンシブ

Every Layoutで取り上げるレイアウトは、内在的（intrinsically）にレスポンシブです。つまり、内部での折り返しや再配置によって、コンテンツがどんなコンテキストや画面においても（十分なスペースを確保しつつ）妥当な形で表示されるようになります。

> メディアクエリのブレイクポイントを使うことを考えてしまうかもしれませんが、Every Layoutのプリミティブはそのような「マニュアルオーバーライド🖉」には依存していません。
>
> **🖉監訳者注**
> **一般に、自動化されたシステムの制御を、使用者が手動で行えるようにする仕組みを指します。機械の自動操作などで用いられる用語です。**

プリミティブ型がなければ、プログラミング言語に対して、基本的な操作を繰り返し指示し続けることになります。するとすぐに仕事の「意義」を見失い、その言語を使って何をしようとしていたか忘れてしまうでしょう。プリミティブが取り入れられていないデザインシステムでも同様の問題を抱えます。パターンライブラリ🖉にあるいくつものコンポーネントが独自の規則でレイアウトされていれば、効率が悪く一貫性のないものになるはずです。

🖉監訳者注
デザインシステムにおいて、UI要素やコンポーネント、パターンを列挙したり使い方を説明したりするものです。

プリミティブにはそれぞれ単一の責務があります。「要素間に垂直方向のスペースを設ける」や「要素を等間隔に配置する」、「水平方向に要素を引き離す」などです。これらプリミティブは、コンポジションの中で互いに親子または兄弟要素として配置されることを前提に設計されています。

Every Layoutのプリミティブだけではおそらく、「文字通り」すべてのレイアウト（every layout）を実現することはできないでしょう。しかしすべてでないにしろ、一般的なWebレイアウトの大部分を作成できることは確かです。独自性の高いデザインであってもその多くを担えるでしょう。

さて、コンポジションのメリットについてはよくご理解いただけたはずです。あらゆるインターフェイスが、ほんの少しの再利用可能なコードによって実現できるのです。アルファベットはたった26バイトですが、これだけでいくつもの素晴らしい作品が生み出されていることを考えてみてください！

1 03 単位

Webに表示されるすべてのものは、端末の画面を構成する小さな光の点からできています。「ピクセル」です。そのため、インターフェイスを構成する要素のサイズを測定するときには、ピクセルの観点から考え、CSSのpx単位を使うのが合理的とされています。しかし、本当にそうでしょうか？

画面のピクセル配列にはいくつもの種類があります ※1 が、昨今のディスプレイの多くにはサブピクセルレンダリングが採用されています。これは、ピクセルごとにカラーコンポーネントを操作することで、ギザギザとしたエッジを滑らかにし、「知覚される解像度」を向上させる技術です。1pxの概念は、一般的に言われているよりも曖昧なものです。

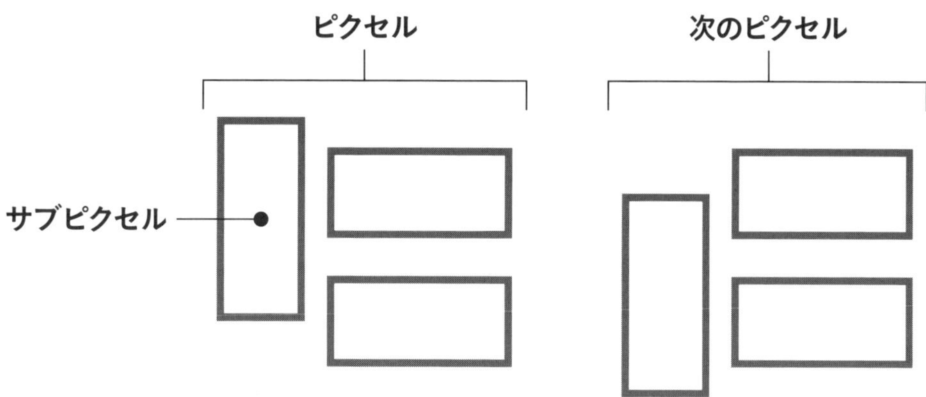

サムスンのGalaxy Tab S 10.5では、ピクセルごとにサブピクセルの配置が互い違いになっています。ピクセルの構成がそれぞれ異なっているのです。

また、画面解像度（画面を構成するピクセル数）にも違いがあります。低解像度の画面では、ひとつの「CSSピクセル」（CSSにおける1px）がひとつの「デバイスピクセル」または「ハードウェアピクセル」に相当する一方で、高解像度の画面においては、CSSの1pxの中で複数のデバイスピクセルが使われることもあります。つまり、単なるピクセルもあれば、ピクセルから構成されるピクセルもあるというわけです。

※1. Ian Mallett - Reference: Subpixel Geometry Zoo Page ▶ サブピクセル配列の種類の一覧です。 https://geometrian.com/programming/reference/subpixelzoo/index.php

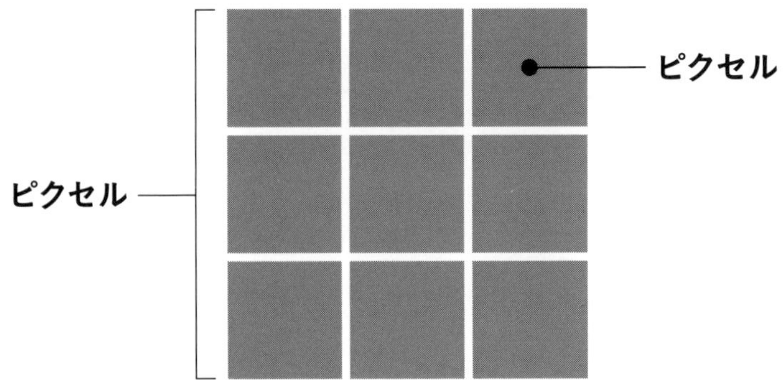

画面は確かにピクセルで構成されていますが、ピクセルは規則正しいものでも不変でもありません。拡大表示で閲覧しているユーザーにとって400pxに見えるボックスは、CSSピクセルにおける400pxではないことは自明です。さらに、拡大表示する前でさえ、「デバイスピクセル」においてはそもそも400pxではないかもしれません。

CSSでpx単位を使うこと自体は間違いではありませんから、エラーメッセージを目にすることはないでしょう。しかし、px単位は誤解を招きます。ピクセルパーフェクト※2というものが実現可能な、望ましいものであるという、間違った前提のもとで努力することに繋がるのです。

スケーリングとアクセシビリティ

px単位を使った設計をすると、間違った考え方にとらわれやすくなるだけではありません。明らかな欠点もあります。たとえばpxを使ってフォントサイズを設定すると、ブラウザは、デザイナーがフォントをそのサイズに固定したがっていると解釈します。その結果、ユーザーがブラウザ設定で選択しているフォントサイズは無視されてしまいます。

昨今のブラウザにはページのズーム機能※3（テキストを含むすべてのものが均等に拡大される機能）が備わっているという理由により、この問題は解決済みだと片付けられてしまうことがよくあるようです。一方でエバン・ミント（Evan Minto）の調査※4によると、ブラウザ設定でデフォルトのフォントサイズを変更しているユーザーの数は、EdgeやInternet Explorerのユーザー数よりも多いといいます。つまり、デフォルトのフォントサイズを変更しているユーザーを無視することには、あるブラウザを完全に無視するのと同じくらいの影響力があると考えてよいでしょう。

※2. **The Myth of Pixel Perfection**▶ピクセルパーフェクトは、デザインカンプと実際のWebページとの見た目を完全に一致させることを指す用語です。特にレスポンシブデザイン以降において、これは非現実的で合理性を欠く考え方であると指摘する記事です。
https://kelliekowalski.com/articles/the-myth-of-pixel-perfection/

emやrem、chやexといった単位にはそうした懸念がありません。ユーザーのOSやブラウザによって設定されているデフォルトのフォントサイズに相対的な単位だからです。これらの単位を使った値は、もちろんブラウザによってピクセルに変換されるわけですが、コンテキストや設定に則した結果になります。相対単位はいわば仲裁者のようなものです。

相対性

ブラウザやOSにおいてユーザーが設定できるのは、通常、「ベース」つまり「本文」のフォントサイズのみです。この値は1remとして表現できて、ルートのフォントサイズと対応しています。段落要素は1remになりますが、それはこの要素が本文を意味するものであるためです。また、1remがデフォルト値になっているため、この値を明示的に設定する必要はありません。

```
:root {
  /* ↓ 冗長 */
  font-size: 1rem;
}

p {
  /* ↓ やはり冗長 */
  font-size: 1rem;
}
```

見出しのような要素は、相対的に大きくなるように設定します。そうしなければヒエラルキーが失われてしまうからです。ここでは、<h2>を2.5remにするとします。

```
h2 {
  /* ↓ ルートのフォントサイズの2.5倍 */
  font-size: 2.5rem;
}
```

emやrem、chやexといった単位はすべてテキストに関係するサイズですが、もちろん

※3. Change text, image and video sizes (zoom) - Computer - Google Chrome Help ▶ Google Chromeにおけるページのズーム機能の操作説明です。 https://support.google.com/chrome/answer/96810?hl=en-GB
※4. Pixels vs. Ems: Users DO Change Font Size | by Evan Minto | Medium ▶ 2018年の調査です。 https://medium.com/@vamptvo/pixels-vs-ems-users-do-change-font-size-5cfb20831773

marginやpadding、borderなどのプロパティにも適用できます。これらの単位は使い勝手がよいだけではなく、テキストがWebメディアの基礎であるという事実を常に思い出させてくれます。テキストに由来するサイズからレイアウトを導き出すことを学べば、美しいデザインが可能になるでしょう。

無駄な変換

多くの人はわざわざremとpxを変換して、使用するremの値がピクセルとして半端にならないように気にしています。たとえばベースのサイズが16pxの場合、2.4375remは39pxになりますが、2.43remは38.88pxです。

しかし、ピクセルの値が整数になるように変換する必要はありません。ブラウザのサブピクセルレンダリングや端数処理によって自動的に調整されるからです。それよりも、1.25remや1.5rem、1.75remなど、単純な数を使うほうが簡単です。あるいはモジュラースケールを使って、面倒な計算はcalc()に任せてもよいでしょう。

比例と運用性

前の例の<h2>のサイズはルートや本文の2.5倍です。ルートのサイズを大きくすると、<h2>の他、rem基準の倍数で設定されたすべてのサイズは比例して大きくなります。つまり、インターフェイス全体のスケーリングが簡単に実現できるということです。

```
@media (min-width: 960px) {
  :root {
    /* ↓ 960pxで25%拡大 */
    font-size: 125%;
  }
}
```

もしpxを採用していたとすれば、運用への影響は明らかです。相対的、または比例に基づいたサイズ設定ではないので、ひとつひとつの要素を個別に調整することになります。

```
h3 {
  font-size: 32px;
}

h2 {
  font-size: 40px;
}

@media (min-width: 960px) {
  h3 {
    font-size: 40px;
  }

  h2 {
    font-size: 48px;
  }
  /* というように嫌になるほど繰り返す */
}
```


ビューポート単位

Every Layoutでは、幅を基準としたメディアクエリの使用を避けています。メディアクエリでは、レイアウトの再構成をハードコーディング🖉で表現することになります。さらに、要素やコンポーネントが実際に置かれている状況と結びついていないのです。先ほどの例のように、インターフェイスのスケーリングを個別の「ブレイクポイント」に基づいて行うのは恣意的な設定です。960pxは何か特別な幅なのでしょうか？　959pxで小さいサイズになることが本当に適切だといえるのでしょうか？

🖉監訳者注

特定の動作環境を前提としたデータを、ソースコードの中に直接記述することを指します。

959px

960px

ブレイクポイントを使用すると、1pxの違いが大きな「ジャンプ」になります。

ビューポート単位 ※5 は、ブラウザの表示領域のサイズに相対的です。たとえば、1vwは画面の幅の1%、1vhは画面の高さの1%と等しくなります。ビューポート単位とcalc()を利用すると、サイズが比例してスケーリングされて、かつ「最小値」を確保するアルゴリズムが作成できます。

```
:root {
  font-size: calc(1rem + 0.5vw);
}
```

1remを式に含めることで、font-sizeが(システムやブラウザ、ユーザー定義に基づいた)デフォルト値を下回らないようになります。つまり、1rem + 0vwでも結果は1remになるということです。

em単位

rem単位にとってのem単位は、メディアクエリにとってのコンテナクエリ ※6 のような存在です。emは外側のドキュメントではなく、周辺のコンテキストに関係するものです。たとえば、<h2>の中で<strong>要素のfont-sizeを少し大きくしたいような場合にem単位が利用できます。

```
h2 {
  font-size: 2.5rem;
}
```

※5. **Fun with Viewport Units | CSS-Tricks**▶ビューポート単位を効果的に利用するための使い方の解説です。 https://css-tricks.com/fun-viewport-units/

※6. **On container queries. - Ethan Marcotte**▶コンテナクエリは、特定の要素に割り当てられた、利用可能なスペースの大きさに基づいてスタイル設定ができる機能です。これが有用である理由と、その使い方についての解説です。これは現在のところ仕様の検討段階にあり、一般的なウェブサイトで利用できる状態ではありません。 https://ethanmarcotte.com/wrote/on-container-queries/

```
h2 strong {
  font-size: 1.125em;
}
```

<strong>のfont-sizeは1.125 × 2.5remとなり、計算すると2.8125remです。もし<strong>にremの値を設定してしまえば、親の<h2>に伴ってスケーリングされなくなります。CSSでh2の値を変更すれば、h2 strongの値も別途変更する必要が出てきます。

筆者の経験則では、em単位はインライン要素の、rem単位はブロック要素のサイズ設定に適しています。SVGアイコンはまさにem基準のサイズ設定に最適な例 ※7 です。アイコンはテキストに付随したり、代替したりするものであるためです。

0.75em ── Download Stack.zip

場合によっては、アイコンの高さや幅に使うemの値は、アイコンに付随するフォント自体のメトリクスに合わせて調整する必要があります。Every Layoutサイトで使用しているBarlow Condensedフォントはそのボディ内の余白が大きく、サイズを合わせるために0.75emとしています。

ch単位とex単位

ch単位とex単位は、それぞれ特定の文字の（おおよその）幅または高さに関係しています。1chはそのフォントの0の幅に基づいており、1exはxの文字の高さと等しくなります。後者はエックスハイトまたはコーパスサイズ ※8 としても知られています。

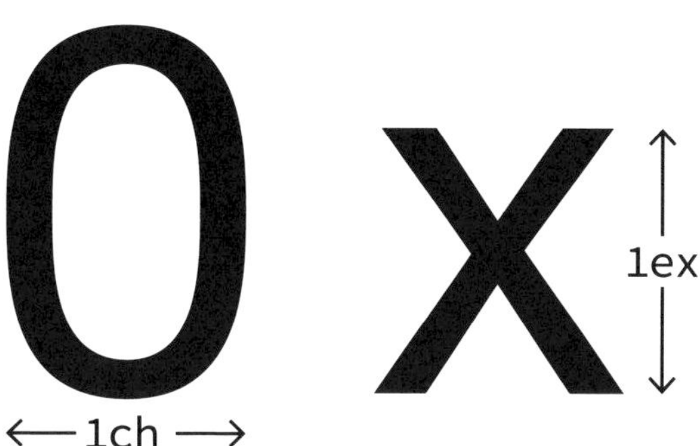

※7. **Control icon size with font-size - Andy Bell** ▶筆者のアンディ氏による、font-sizeの値に基づいてアイコンのサイズを設定する方法の解説です。 https://andy-bell.design/links/121/
※8. **x-height - Wikipedia** ▶https://en.wikipedia.org/wiki/X-height

「公理」の節では、要素のカラム幅を制限して可読性を確保するためにch単位を使っています。カラム幅では1行あたりの文字数が問題になるため、この場合はch(「character」の略語)が最適な単位です。

それによって、<h2>と<h3>でfont-sizeが異なっていたとしても、(最大)カラム幅の設定は同じままにできます。

```
h2,
h3 {
  max-width: 60ch;
}

h3 {
  font-size: 2rem;
}

h2 {
  font-size: 2.5rem;
}
```

テキスト行の幅のピクセル値は、rem基準のfont-sizeとch基準のmax-widthの関係から導き出されます。この値の決定をアルゴリズムに委ねること、つまりpx基準のwidthを用いたハードコーディングを避けることで、頻繁に発生しがちな重大なエラーをなくせます。CSSレイアウトにおけるエラーとは、コンテンツが崩れたり読めなくなったりすることであり、「人間にとってのデータ損失」とも言えるでしょう。

1 04 グローバルスタイルとローカルスタイル

「コンポジション」の節では、レイアウトのための、「意味を持たない」小さなコンポーネントを使って、より大きな合成コンポーネントを作る方法について述べました。しかし、効率的かつ一貫性があるCSSベースのデザインシステムを実現するためには、すべてのスタイルが厳密にコンポーネントベースであるべきとは限りません。この節では、グローバルなスタイルを含むより大きなシステムにおいて、Every Layoutのレイアウトコンポーネントをどのように位置づけるかについて述べます。

グローバルスタイルとは？

CSSのグローバルな性質について語られるとき、その「グローバル」の意味するところはさまざまです。それはたとえば、:rootまたは<body>要素から（少しの例外はあるものの）グローバルに「継承」される規則のことかもしれません。

```
:root {
  /* ↓ （ほとんど）すべての要素でサンセリフのフォントを表示する */
  font-family: sans-serif;
}
```

あるいは、*セレクタ ※1 を使って、すべての要素に「直接」スタイルを設定することを指しているのかもしれません。

```
* {
  /* ↓ 文字通り、すべての要素でサンセリフのフォントを表示する */
  font-family: sans-serif;
}
```

また、要素型セレクタはより限定的で、それが指し示す要素だけを対象とします。しかし、設定したスタイルは、対象とする要素がどこに配置されていても「到達」できるので、これもやはり「グローバル」であるといえます。

※1. Universal selectors - CSS: Cascading Style Sheets | MDN ▶ https://developer.mozilla.org/en-US/docs/Web/CSS/Universal_selectors

```
p {
  /* ↓ どこに段落を挿入してもサンセリフになる */
  font-family: sans-serif;
}
```

要素型セレクタの柔軟な使用こそが、包括的なデザインシステムの証です。要素型セレクタが扱うのは、見出しや段落、リンクやボタンなど、通例的なAtom ※2 です。クラスを使用する場合とは異なり、要素型セレクタならWYSIWYGエディタ ※3 やマークダウン ※4 によって生成される任意のコンテンツを対象にできます。

Every Layoutのレイアウトでは、そのような基本的な要素のスタイルについて掘り下げたり介入したりすることはありません。これをデザインするのはあなたです。本書で取り上げるテーマは、基本的な要素を組み合わせて合成レイアウトを作り出す方法についてです。

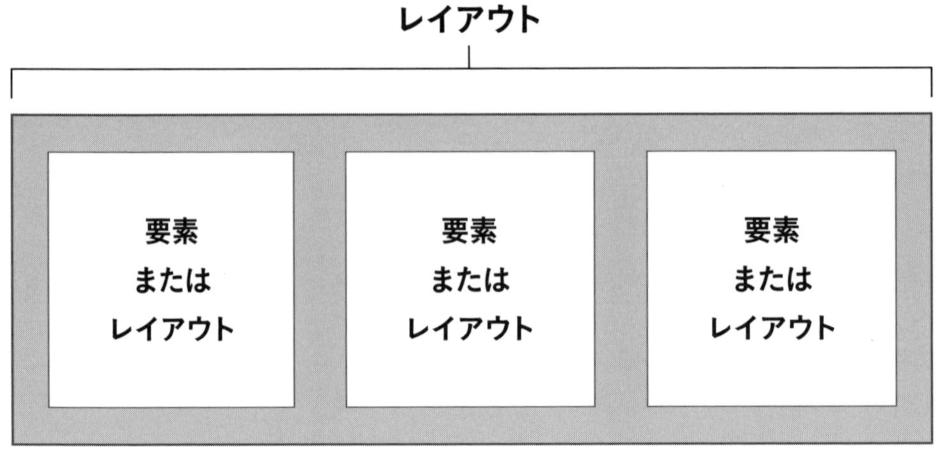

レイアウトには、子要素の整形コンテキストを定めるコンテナ要素が必要です。コンテキストを定める子要素を持たない単純な要素は、レイアウト階層の「終端ノード」とみなせます。

最後に、クラスベースのスタイルがあります。これは一度定義されれば、ドキュメントのどのHTML要素にでも取り付けられるようになります。要素型のスタイルと比べてより可搬的かつ自由に設定できますが、制作者がマークアップに直接指定する必要があります。

※2. **atoms § Atomic Design | Brad Frost** ▶Atomは、デザインシステムのための方法論であるAtomic Designにおける、構成要素の分類のひとつです。HTML要素でいう、フォームのラベルや入力フィールド、ボタンなど、小さい粒度の基礎的な要素を指します。
http://bradfrost.com/blog/post/atomic-web-design/#atoms
※3. **WYSIWYG - Wikipedia** ▶https://en.wikipedia.org/wiki/WYSIWYG

```
.sans-serif {
  font-family: sans-serif;
}
```

```
<div class="sans-serif">...</div>

<small class="sans-serif">...</small>

<h2 class="sans-serif">...</h2>
```

理解すべきは、グローバルに作用するCSS規則を活用する重要性です。HTMLのスタイル設定をグローバルに、かつカテゴリごとに行えることこそが、CSSの存在意義です。要素をひとつひとつ別々に扱うには向いていません。その性質通りに扱えば、これほど効率的に、あらゆる種類のレイアウトや美観をWebで形成できる手段は他にありません。これまで述べてきた、グローバルなスタイル設定の手法を適切に使えば、ブランディングや美観をレイアウトから分離すること、つまり「関心の分離 ※5」が簡単に実現できるようになります。

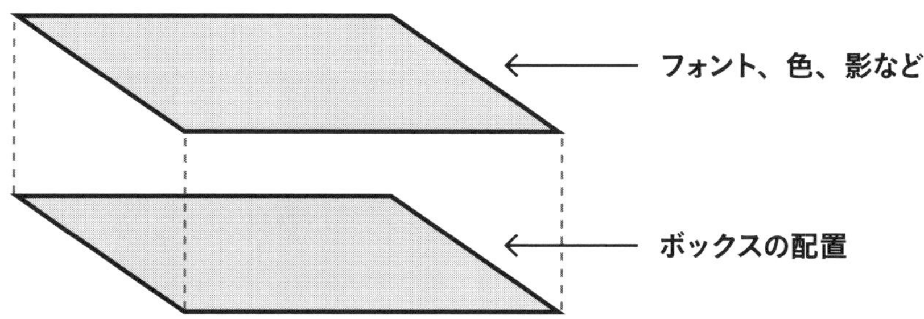

ユーティリティクラス

すでに述べた通り、クラスは、他のグローバルなスタイル設定の手法とは可搬性の意味で異なっています。どの種類のHTML要素にでも取り付けられるのです。これにより、継承されたスタイルや、*セレクタによる全要素向けのスタイル、要素型のスタイルからの「分岐」を、CSSのグローバルなスコープにおいて行うことができます。

※4. **Basic writing and formatting syntax - GitHub Docs** ▶ https://docs.github.com/en/github/writing-on-github/getting-started-with-writing-and-formatting-on-github/basic-writing-and-formatting-syntax

※5. **Separation of concerns - Wikipedia** ▶ 機能や目的といった関心事に応じて、コンピュータのプログラムを分離してまとめることを指す、コンピュータサイエンスの用語です。HTMLにおいては、CSSによってセマンティクスからスタイルを分離する考え方についてそのように呼ぶこともあります。 https://en.wikipedia.org/wiki/Separation_of_concerns

たとえば<h2>要素のスタイルとして、デフォルトでは2.25remのfont-sizeが設定されているとします。

```
h2 {
  font-size: 2.25rem;
}

h3 {
  font-size: 1.75rem;
}
```

しかし特定の状況では、font-sizeをわずかに小さくしたいこともあるでしょう（水平方向に占めるスペースを削減したかったり、視覚的な主張を減らしたほうがよいような場所に配置されている場合など）。仮に、<h3>要素に差し替えることで見た目を変更すれば、でたらめなドキュメント構造[※6]になってしまいます。

代わりに、より小さな<h2>が必要とされるコンテキストに合わせて、複合的なセレクタを設定することもできます。

```
.sidebar h2 {
  font-size: 1.75rem;
}
```

ドキュメント構造を崩すよりはましです。しかし、システムの観点から見れば問題があります。この対処は、特定のコンテキストにおける特定の要素の問題だけを解決するものです。一方で本来行うべきは、いかなるコンテキストのいかなる要素にも通ずる、より一般的な問題（font-sizeの調整が必要であること）を解決することです。そこで、ユーティリティクラスの出番です。

```
/* ↓ バックスラッシュでコロンをエスケープする */
.font-size\:base {
  font-size: 1rem;
}
```

※6. Headings § WebAIM: Semantic Structure: Regions, Headings, and Lists ▶使用する見出しの見出しレベルをスキップして使うと、ドキュメント構造の辻褄が合わなくなります。それによって、支援技術のユーザーにとって利用しづらいページになってしまうことがあります。 https://webaim.org/techniques/semanticstructure/#correctly

```
.font-size\:biggish {
  font-size: 1.75rem;
}

.font-size\:big {
  font-size: 2.25rem;
}
```

CSSの宣言構造にそっくりそのままの命名規則として、property-name:valueのようにします。こうすると、ユーティリティクラスの名前を覚えやすくなります。名前に実際の値が含まれているtext-align:centerなどは特にそうです。

要素やユーティリティの間で値の共有を行うのはカスタムプロパティ ※7 の仕事です。注意しておきたいのが、カスタムプロパティは、グローバルに利用できるようにするために:root（<html>）要素に配置することです。

```
:root {
  --font-size-base: 1rem;
  --font-size-biggish: 1.75rem;
  --font-size-big: 2.25rem;
}

/* 要素 */

h3 {
  font-size: var(--font-size-biggish);
}

h2 {
  font-size: var(--font-size-big);
}
```

※7. Custom properties (--*): CSS variables - CSS: Cascading Style Sheets | MDN ▶ 変数のような働きをする独自のプロパティを定義することができるCSSの機能です。 https://developer.mozilla.org/en-US/docs/Web/CSS/--*

```
/* ユーティリティ */

.font-size\:base {
  font-size: var(--font-size-base) !important;
}

.font-size\:biggish {
  font-size: var(--font-size-biggish) !important;
}

.font-size\:big {
  font-size: var(--font-size-big) !important;
}
```

それぞれのユーティリティクラスには!importantのサフィックスを付与して、詳細度を最大化します。ユーティリティは最終調整のためのものなので、それより前にある宣言に上書きされないようにします。

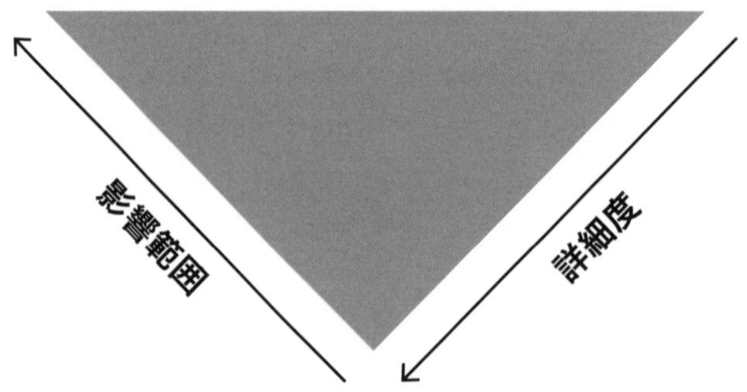

良識ある設計のCSSでは、「影響範囲の広さ」と詳細度が反比例します。これを論じたのはハリーロバーツのITCSS（「公理」の節の「例外ありきのスタイル設定」の項を参照）であり、ITはInverted Triangle（逆三角形）を意味します。

前述の例で用いた値はあくまで説明のためのものです。デザイン全体での一貫性を担保するには、サイズはモジュラースケールに基づいて導き出すのがよいでしょう。詳しくは「モジュラースケール」の節を参照してください。

過度なユーティリティクラス

強くおすすめするのは、ユーティリティクラスは必要になるまで追加しないことです。不必要かつ余計なデータをユーザーに送信したくはないはずです。Every Layoutサイトでは`helpers.css`ファイルを用意していますが、ユーティリティは実際に必要になってから追加するようにしています。もし`text-align:center`クラスが機能しなければ、まだCSSに追加していないということです。それが`helpers.css`ファイルに追加されるのは、現在と将来のために必要になってからです。

ユーティリティファースト[※8]のCSSのアプローチでは、継承などによる一般的なスタイルや要素型のスタイルは完全に効力を失ってしまいます。代わりに、個々のスタイルが組み合わさって、ケースバイケースで個々の要素へ無秩序に適用されます。Tailwindというユーティリティファーストのフレームワーク[※9]を使う場合、Tailwind自身のドキュメントで例示されているように、クラスの値は次のようになるでしょう。

```
class="rounded-lg px-4 md:px-5 xl:px-4 py-3 md:py-4 xl:py-3 bg-teal-500 hover:bg-teal-600 md:text-lg xl:text-base text-white font-semibold leading-tight shadow-md"
```

特定の状況では、このような方法を採用したくなる理由があるかもしれません。たとえば、ディテールと変化に富んだビジュアルデザインでは、このようなきめ細かな制御ができるとよいでしょう。または素早いプロトタイピングを、CSSとHTMLとでコンテキストを切り替えずに行いたいこともあるでしょう。一方、Every Layoutのアプローチが前提としているのは、堅牢性と一貫性の実現を、手動での介入を最小限に抑えることによって行うことです。そのため、本書で紹介するコンセプトや手法では、公理やプリミティブ、およびこれらから導き出されるスタイル設定のアルゴリズムを活用しているのです。

※8. **Utility-First - Tailwind CSS**▶主に単一のスタイル宣言と紐づけられたユーティリティクラスを、HTML要素ごとにいくつも適用していくことでスタイル設定を行う方法論です。 https://tailwindcss.com/docs/utility-first

※9. **Tailwind CSS - Rapidly build modern websites without ever leaving your HTML.**▶ユーティリティファーストのアプローチを採用するものの中で最も有名なフレームワークです。 https://tailwindcss.com/

ローカルスタイルと「スコープ化された」スタイル

当然ながら、固有の値を持つことになるid属性（あるいはプロパティ）はドキュメントごとにひとつのHTML要素にのみ使用できます（アクセシビリティ上の理由[※10]による）。そのため、idセレクタを介したスタイル設定は、ひとつのインスタンスだけに限定されます。

```
#unique {
  /* ↓ id="unique"だけのスタイル */
  font-family: sans-serif;
}
```

idセレクタは非常に高い詳細度[※11]を持ちます。これは、独自のスタイルによって、競合する一般的なスタイルを上書きするためです。

もちろん、要素のstyle属性（あるいはプロパティ）を使って直接スタイルを適用するほど、「ローカル」で、インスタンスに限定された方法はありません。

```
<p style="font-family: sans-serif">...</p>
```

最後に紹介するのは、スタイルをローカルにするための「標準」技術であるShadow DOMです。要素をshadowRootにすることで、詳細度の低いセレクタを使っても要素の内側のみに作用するようになります。

```
const elem = document.querySelector('div');
const shadowRoot = elem.attachShadow({mode: 'open'});
shadowRoot.innerHTML = `
  <style>
    p {
      /* ↓ 要素のShadow DOMの内側にある<p>だけのスタイル */
      font-family: sans-serif;
```

※10. **Why Unique ID Attributes Matter**▶複数の要素に同じIDが適用されていると、フォームコントロールが意図しない挙動をしたり、スクリーンリーダーでの読み上げがうまくいかなくなってしまう場合があります。 https://www.deque.com/blog/unique-id-attributes-matter/

※11. **Specificity - CSS: Cascading Style Sheets | MDN**▶https://developer.mozilla.org/en-US/docs/Web/CSS/Specificity

```
    }
  </style>
  <p>サンセリフの段落</p>
`;
```


欠点

idセレクタにインラインスタイル、そしてShadow DOMのいずれも欠点があります。

- **idセレクタ**：詳細度の高さゆえに、全体に影響する問題をいくつも引き起こします。また、都度idの名前を考える必要があります。動的に一意の文字列を生成するほうが望ましい場合もよくあります。
- **インラインスタイル**：運用が悪夢のようです。そもそも、CSSが考案されたのはこれを解決するためです。
- **Shadow DOM**：スタイルがShadow DOMのルートから漏れ出ることを防ぐだけではなく、同時に（ほとんどの）スタイルが「中」に入り込むこともできなくなります。つまり、グローバルなスタイル設定が活用できません。

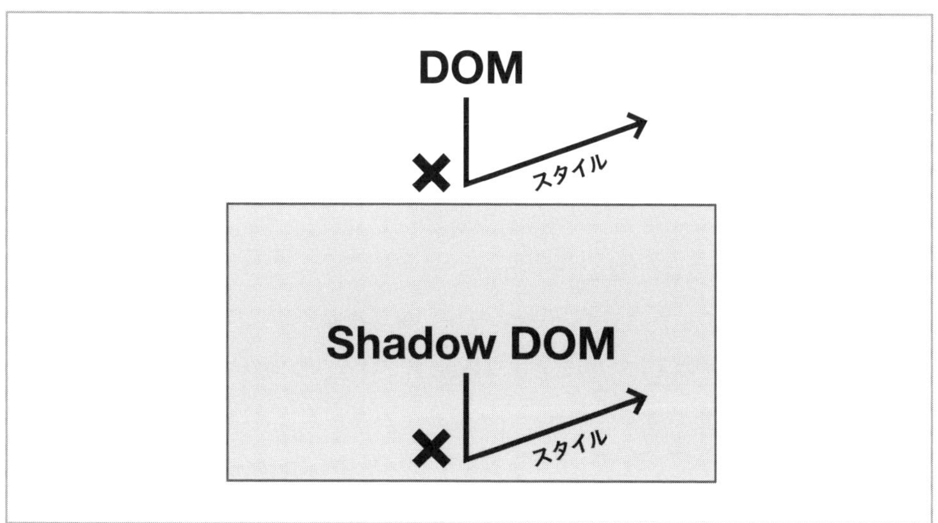

私たちにとって、グローバルなスタイル設定の活用は欠かせません。そのうえで、ローカルなスタイルを「インスタンス固有」な方法で適用できる方法が必要です。

プリミティブとprops

「コンポジション」の節で述べたように、Every Layoutが焦点を当てているのは単純なレイアウトプリミティブです。これらは要素、あるいはボックスを組み合わせて配置するのに役立つものです。また、これらはレイアウトを形成する手段として、一般的でグローバルなスタイルとユーティリティとの間に位置します。

1. **一般的なスタイル（継承を含む）**
2. **レイアウトプリミティブ**
3. **ユーティリティクラス**

Every Layoutのレイアウトプリミティブは、カスタム要素の仕様※12に則って再利用可能なコンポーネントとして定義され、グローバルに利用できるようになっています。固有の設定はレイアウトコンポーネントのprops（プロパティ）✎を介して指定します。

> **✎監訳者注**
>
> **Reactをはじめとする UIコンポーネント構築のためのライブラリには、あるコンポーネントに対して、HTML要素の属性のような形でデータを渡すためのインターフェイスを定義できる機能があり、propsと呼ばれることがあります。Every Layoutではそれになぞらえて、レイアウトコンポーネントの属性のことをそう呼んでいます。**

相互運用性

Every Layoutでは、ReactやPreact、Vueコンポーネント（これらはすべてpropsを使用するものです）の代わりに、カスタム要素を採用しています。ネイティブであるがゆえに、さまざまなWebアプリケーションフレームワークを超えて使用できるためです。また、レイアウトパターンごとにHTMLとCSSのコード例を掲載しているので、カスタム要素の代わりにVueなどに固有なレイアウトプリミティブを作成することもできます。

※12. **Using custom elements - Web Components | MDN**▶カスタム要素は、Webコンポーネントの仕様のひとつです。JavaScriptによって、制作者が定義する独自の機能を持つHTML要素を登録して、通常のHTML要素と同じように取り扱えるようにできる機能です。 https://developer.mozilla.org/en-US/docs/Web/Web_Components/Using_custom_elements

デフォルト

それぞれのレイアウトコンポーネントにはスタイルシートが付属しており、これは基本であるデフォルトのスタイルを定義するものです。たとえば、Stackのスタイルシート（Stack.css）は次のようになります。

```
stack-l {
  display: block;
}

stack-l > * + * {
  margin-top: var(--s1);
}
```

監訳者注
Stackのコンポーネント実装と使い方の詳細については、「Stack」の節を参照してください。

いくつかの注意点があります。

- display: blockの宣言が必要なのは、カスタム要素はデフォルトではインライン要素として描画されるためです。「ボックス」の節では、ブロック要素とインライン要素の振る舞いについて述べています。
- margin-topの値はStackをスタックたらしめているものです。垂直に積み重ねられた要素の間にマージンを挿入します。デフォルトではマージンの値は、モジュラースケールの最初の値である--s1になります。
- *セレクタはどの要素にも適用されますが、ここで使用している*は、<stack-l>の子要素のうちふたつ目以降のものに一致します（隣接兄弟結合子 ※13）。レイアウトプリミティブは抽象的なコンポジションであり、コンテンツを提供するものではありません。*を使用するのはどのような子要素が挿入されても機能させるためです。

※13. Adjacent sibling combinator - CSS: Cascading Style Sheets | MDN ▶ https://developer.mozilla.org/en-US/docs/Web/CSS/Adjacent_sibling_combinator

カスタム要素自身の定義では、デフォルト値をspaceプロパティに適用します。

```
get space() {
  return this.getAttribute('space') || 'var(--s1)';
}
```

Every Layoutの各カスタム要素は、インスタンスが持つプロパティの値に基づいて埋め込みのスタイルシートを生成します。たとえば、次のように記述されているとします。

```
<stack-l space="var(--s3)">
  <div>...</div>
  <div>...</div>
  <div>...</div>
</stack-l>
```

これは、次のように更新されます。

```
<stack-l data-i="Stack-var(--s3)" space="var(--s3)">
  <div>...</div>
  <div>...</div>
  <div>...</div>
</stack-l>
```

そして、次の<style>要素が生成されます。

```
<style id="Stack-var(--s3)">
  [data-i='Stack-var(--s3)'] > * + * {
    margin-top: var(--s3);
  }
</style>
```

ただし、重要なのが、Stack-var(--s3)の文字列が示すのはレイアウト固有の設定であり、固有のインスタンスではないということです✎。id="Stack-var(--s3)"を持つ単一の<style>要素では、Stack-var(--s3)の文字列に対応する設定のスタイルが宣言され、これが<stack-l>のすべてのインスタンスにおいて有効になります。設定が同じカスタム要素のインスタンス同士では、実際の違いは保持するコンテンツくらいのものです。

✎監訳者注
例の<stack-l>要素に対して設定される文字列は、
実際にはStack-var(--s3)falseとなります。
このfalseはrecursive prop（「Stack」の節を参照）の
デフォルト値に対応するものです。

当然ながら、Webページのコンテンツは箇所によってそれぞれ別々の情報を提供します。しかし、ルックアンドフィールには規則性や一貫性があるべきなので、見慣れた繰り返しのパターンやモチーフ、配置を採用するものです。グローバルなスタイルを活用しつつ、制限のあるレイアウト設定を用いると、一貫性とまとまりが最小限のコードで実現できるようになります。

1 05 モジュラースケール

音楽は基本的に数学的な表現です。組版において音楽的性質が語られる ※1 のは、組版と音楽は数学的な基礎を共有しているためです。

周波数やピッチ（音の高さ）、ハーモニー（和声）などの概念を耳にしたことがあるでしょう。いずれも数学的に説明できるものですが、知覚されるピッチはそれぞれ複数の周波数から構成されていることをご存知でしょうか？

ギターの弦をはじいたときに生み出されるような楽音のひとつひとつは、それ自体がひとつのコンポジションでもあります。そこでは異なる周波数（倍音）が集まって、倍音列を構成しているのです。倍音列とは分数の数列であり、1ずつ増加する等差数列に基づいています。

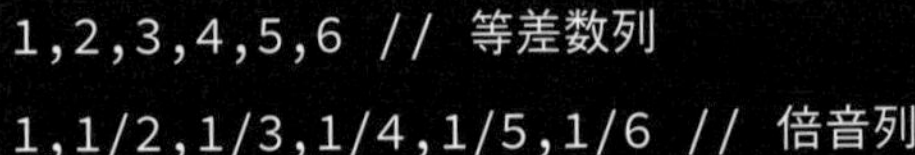

```
1,2,3,4,5,6 // 等差数列
1,1/2,1/3,1/4,1/5,1/6 // 倍音列
```

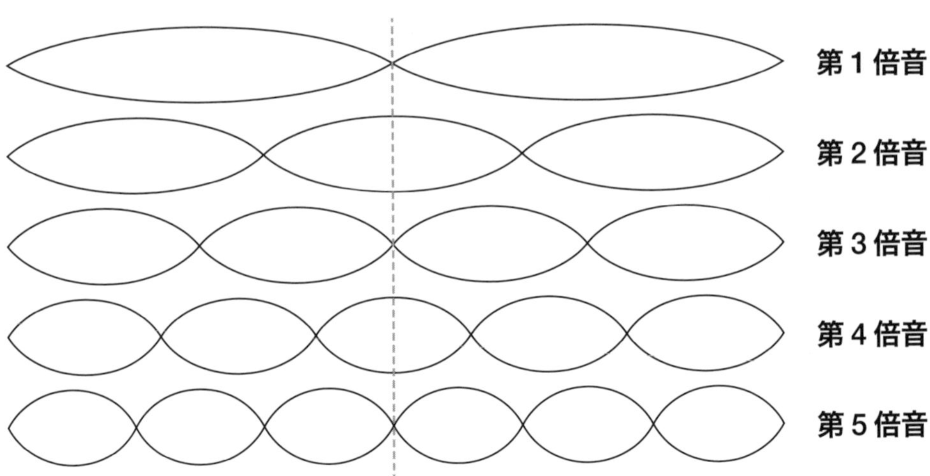

この規則性によって調和のとれた音が生まれます。基本周波数（音を構成する周波数の中で最も低いもの）は倍音の周波数で割り切ることができます。各倍音の周波数は、両隣の周波数の調和平均となります。

※1. Introducing Modular Scales | Type & Music ▶http://typeandmusic.com/introducing-modular-scales/

視覚的な調和

調和が必要なのは、視覚的なレイアウトにおいても同様です。弦をはじくと生じる音のように、まとまりが感じられるものであるべきです。Webデザインにおいてはテキストを中心に扱うことになるので、line-heightを余白の基準として考えるのは理にかなっています。font-sizeが（暗黙的に）1remで、line-heightが1.5の場合、基準となる値は1.5remになります。これと調和のとれるスペースは、3rem（2 × 1.5）や4.5rem（3 × 1.5）というところでしょうか。

1.5ずつ大きくすると間隔が広くなるので、代わりに1.5を掛けてもかまいません。規則性を保ちつつ、増分を小さくできます。

```
1 * 1.5; // 1.5
1.5 * 1.5; // 2.25
1.5 * 1.5 * 1.5; // 3.375
```

このアルゴリズムはモジュラースケールと呼ばれ、音階のように調和を作り出すためのものです。これをデザインに適用する方法は、使っている技術によって異なります。

カスタムプロパティ

CSSではモジュラースケールを表現するために、カスタムプロパティとcalc()関数を使用できます。簡単な計算ならこれで可能です。

次の例では、設定した--ratioカスタムプロパティに基づいて除算または乗算を行うことでスケールを作成しています。すでに定義されたプロパティを利用して、新しい値を生成することが可能です。たとえば、var(--s2) * var(--ratio)はvar(--ratio) * var(--ratio) * var(--ratio)と同等です。

```
:root {
  --ratio: 1.5;
  --s-5: calc(var(--s-4) / var(--ratio));
```

```
  --s-4: calc(var(--s-3) / var(--ratio));
  --s-3: calc(var(--s-2) / var(--ratio));
  --s-2: calc(var(--s-1) / var(--ratio));
  --s-1: calc(var(--s0) / var(--ratio));
  --s0: 1rem;
  --s1: calc(var(--s0) * var(--ratio));
  --s2: calc(var(--s1) * var(--ratio));
  --s3: calc(var(--s2) * var(--ratio));
  --s4: calc(var(--s3) * var(--ratio));
  --s5: calc(var(--s4) * var(--ratio));
}
```

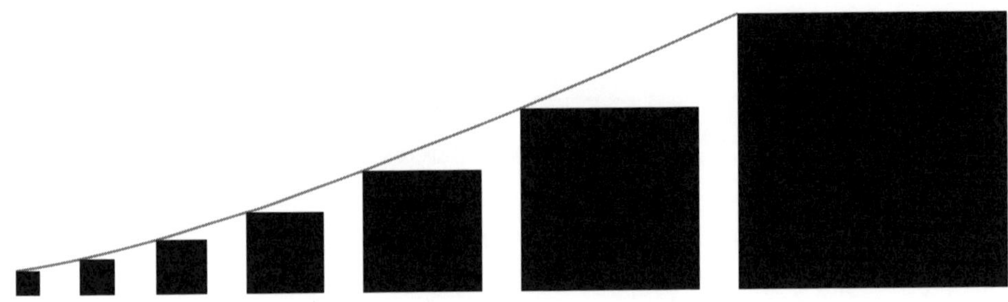

カーブ状に傾斜しているのは、スケール上の値を表す四角形の左上の角をつなげたものです。

関数

本書の執筆時点では、calc()演算においてブラウザにサポートされているのは基礎的な計算のみです。しかしCSSでは間もなく、新しい数学関数[※2]や式が使えるようになります。そのひとつとしてpow()関数があり、これによってモジュラースケールの値の取得や定義が非常に簡単になります。

```
:root {
  --ratio: 1.5rem;
}
```

※2. 11. Mathematical Expressions § CSS Values and Units Module Level 4 ▶https://drafts.csswg.org/css-values/#math

```
.my-element {
  /* ↓ 1.5 * 1.5 * 1.5 は 1.5³ に等しい */
  font-size: pow(var(--ratio), 3);
}
```


JavaScriptからの利用

スケールの変数を:root要素に配置したことで、変数はグローバルに使用できるようになります。グローバルとは、本当の意味で「グローバル」です。カスタムプロパティはJavaScriptから利用できます。さらにShadow DOMの境界を乗り越えて、shadowRootのスタイルシートにも作用します。

JavaScriptは、CSSのカスタムプロパティをJSONのプロパティのように扱います。グローバルなカスタムプロパティは、CSSとJavaScriptの間で共有される設定だと考えられます。次のようにすると、スケールの--s3の値をJavaScriptから取得できます(document.documentElementは、:root要素または<html>要素を表します)。

```
const rootStyles = getComputedStyle(document.
documentElement);
const scale3 = rootStyles.getPropertyValue('--s3');
```

Shadow DOMのサポート

同じく--s3プロパティは、次のようにShadow DOMの中で呼び出されても正しく適用されます。:hostセレクタによって参照されるのは、カスタム要素自身に相当するものです。

```
this.shadowRoot.innerHTML = `
  <style>
    :host {
      padding: var(--s3);
```

```
    }
  </style>
  <slot></slot>
`;
```

propsを介した指定

場合によっては、カスタム要素において、特定のスタイルをプロパティ（props）を介して利用したいこともあるでしょう。この例ではpadding propとします。

```
<my-element padding="var(--s3)">
  <!-- Light DOMのコンテンツ✎ -->
</my-element>
```

> ✎監訳者注
> **Light DOMとは、Shadow DOMを使わずに描画される通常のDOMツリーを指します。**

テンプレートリテラル ※3 を使用することで、カスタム要素のインスタンス内のCSSにvar(--s3)の文字列を挿入できます。

```
this.shadowRoot.innerHTML = `
  <style>
    :host {
      padding: ${this.padding};
    }
  </style>
  <slot></slot>
`;
```

しかし、まず記述するのはpadding prop用のゲッターとセッターです。ゲッターのreturnの行に|| var(--s1)というサフィックスがあるのは、これをデフォルト値に

※3. Template literals (Template strings) - JavaScript | MDN ▶ https://developer.mozilla.org/en-US/docs/Web/JavaScript/Reference/Template_literals

するためです。合理的なデフォルトによって、レイアウトコンポーネントを扱う手間を減らします。優先するのは、「設定より規約 ※4」です。

```
get padding() {
  return this.getAttribute('padding') || 'var(--s1)';
}

set padding(val) {
  return this.setAttribute('padding', val);
}
```

⚠ Shadow DOMを避ける

Every Layoutのレイアウトコンポーネントの実装では、カスタム要素は使用しますがShadow DOMは使用しません。グローバルスタイルを十分に活用できる設計にするためです。詳しくは、「グローバルスタイルとローカルスタイル」の節を参照してください。

またShadow DOMを使用しないことによって、サーバーサイドでの埋め込みスタイルの描画がより簡単になります。レイアウトコンポーネントのカスタム要素が実行する最初のスタイル設定は、Every Layoutサイトではビルド処理によってドキュメント自体に埋め込まれています。つまり、これらのカスタム要素はJavaScriptに依存していません。ただし、開発者ツールまたは独自のカスタムスクリプトによって値が変更された場合を除きます。

一貫性の強化

このままでは、padding propに制約がありません。カスタムプロパティでも、1.25remのような単純な長さの値でも、制作者が自由に指定できてしまいます。モジュラースケールだけを使用するように制限するためには、値をvar(--s${this.padding})のように設定して、数値（2、3、-1など）のみを受け入れるようにします。

※4. Convention over configuration - Wikipedia ▶開発者による明示的な指定がない限りはデフォルトの設定で動作させるという、ソフトウェア設計における指針のひとつです。 https://en.wikipedia.org/wiki/Convention_over_configuration

整数値が渡されているかどうかは、正規表現を使って確認してもよいでしょう。HTML属性値は暗黙的に文字列になります。つまり期待するのは、1桁の数字を含む文字列です。

```
if (!/(?<!¥S)-?¥d(?!¥S)/.test(this.padding)) {
  console.error('<my-component>のpaddingの値は、
モジュラースケールのプロパティを表す数字でなければなりません');
  return;
}
```

モジュラースケールが拠り所としているのはひとつの数値であり、この場合は1.5です。これを乗数や除数として使用することで、ビジュアルデザイン全体で数値の存在が感じられるようになります。一貫性があり調和のとれたデザインは、モジュラースケールの比率のような単純な公理によって培われるのです。

特定の比率の使用こそがモジュラースケールにとって重要だと考える人もいます。たとえば、黄金比[※5]の1.61803398875です。いずれにせよ、選択した比率を徹底することによって調和は生み出されるのです。

※5. Golden ratio - Wikipedia ▶ https://en.wikipedia.org/wiki/Golden_ratio

1 06 公理

数学者ユークリッドの発見 ※1 によると、どれだけ複雑な図形や空間であっても、単純で明白な公理（あるいは公準）に基づいているといいます。デザインにおいても同様で、公理に基づいていなければ調和が取れずに不自然な印象を与えてしまうでしょう。この節では、いかにしてデザインの公理をシステム全体に浸透させるかを、「タイポグラフィにおけるカラム幅（measure）」を例にして紹介します。

カラム幅

テキストの行の長さ（文字数）のことをカラム幅 ※2 と呼びます。適切なカラム幅が設定されていることは、複数の行におよぶテキストを気持ちよく読み進めるために非常に重要です。『The Elements Of Typographic Style ※3』によれば、カラム幅を45から75文字の間の値にするのが妥当だとされています。

監訳者注

日本語の場合、英語と違って全角文字であるため、カラム幅はおよそ半分の24文字から40文字程度を目安とするとよいでしょう。

印刷媒体向けにカラム幅を設定するのは比較的簡単な話です。用紙の幅を単に、テキストを配置するカラムの数で割るだけです。もちろん、マージンやガター ※4 は差し引いたうえで。

※1. Euclid's Postulates -- from Wolfram MathWorld ▶ http://mathworld.wolfram.com/EuclidsPostulates.html
※2. Line length - Wikipedia ▶ https://en.wikipedia.org/wiki/Line_length
※3. Choose a comfortable measure | The Elements of Typographic Style Applied to the Web ▶ http://webtypography.net/2.1.2
※4. Column (typography) - Wikipedia ▶ ページの外側の余白をマージン、カラム同士の間の余白をガターと呼びます。 https://en.wikipedia.org/wiki/Column_(typography)

Webは印刷物と違って静的ではなく、想定通りにもなりません。各単語は改行可能なスペース（UnicodeのコードポイントU+0020 ※5）で区切られていて、利用可能なスペースに応じてテキストの動的な折り返しができるようになっています。そのスペースの大きさについてはさまざまな要因が相関しており、端末のサイズや向き、テキストのサイズや拡大レベルなどによって決まってきます。

われわれデザイナーはしばしば、ユーザーの体験を制御しようとします。しかし、ジョン・オールソップ（John Allsopp）が2000年に「The Dao Of Web Design ※6」で述べている通り、ユーザーのWebコンテンツの使い方を「真っ向から」制御しようとするのは無謀です。もし特定のカラム幅に執着するならば、固定された幅を設定することになります。すると、多くのユーザーは横方向のスクロールを強いられたり、ズーム機能が使えなくなったりしてしまうでしょう。

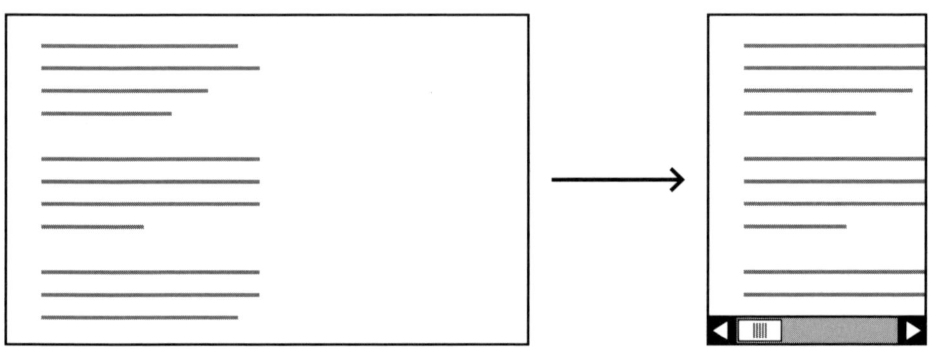

オールソップのいう「適応性のあるページ（adaptable pages）」をデザインするためには、ブラウザのアルゴリズムの制御を諦めるしかありません。それはたとえば、テキストの折り返しなど、Webページを自動的にレイアウトするための機能のことです。とはいえ、レイアウトに影響を与えられる余地が無いわけではありません。デザイナーの仕事を、ブラウザをマイクロマネジメントすることではなく、ブラウザのメンターになることだと考えてみましょう。

カラム幅の公理

デザインの公理を短いフレーズや文で表現してみるのはよい習慣です。カラム幅について言い表すとすれば、「カラム幅は60chを超えてはいけない」といったところでしょうか。

※5. Unicode Character 'SPACE' (U+0020) ▶https://www.fileformat.info/info/unicode/char/0020/index.htm
※6. A Dao of Web Design - A List Apart ▶Webページを、柔軟性があり、さまざまなコンテキストに適応可能なようにデザインする重要性について説いた記事です。 https://alistapart.com/article/dao/

この公理は、いったいどこにある、どのカラム幅の話かと疑問に思われるかもしれません。しかし、そもそもいかなるテキストであっても、1行が長くなり過ぎるべきではありません。これが公理である以上、条件や例外無しでデザインに反映されるようにします。では、具体的にはどうするのがよいでしょうか？ 「グローバルスタイルとローカルスタイル」の節では、スタイル設定の主な3つのレイヤーを定めました。

1. **ユニバーサルスタイル（継承を含む）**
2. **レイアウトプリミティブ**
3. **ユーティリティクラス**

カラム幅の公理は、ユニバーサルスタイルとしてできるだけ広く行きわたらせます。同時に、レイアウトプリミティブ（「コンポジション」の節を参照）とユーティリティクラスにも適用できるようにしておきます。その前にまずは、どのプロパティと値を使って規則を記述するのが適切かを見ていきましょう。

宣言

「ボックス」の節でも述べた通り、固定された幅（そして高さも！）がレスポンシブデザインとまったく相入れないのはここでも同様です。固定するのではなく、代わりに「許容範囲」を定めるようにします。たとえばmax-widthプロパティを使うと、特定の値以下である限りは、1行がどんな長さであっても許容されるようになります。

```
p {
  max-width: 700px;
}
```

プロパティはこれでよいでしょう。ただし、px単位には問題があります。デザインを目で見て判断すると、あるfont-sizeにおいては700pxのカラム幅が妥当かもしれません。しかしそのfont-sizeは、そのときたまたま画面に表示されているfont-sizeにすぎません。つまり、狭い視野でしかデザインを見ていないのです。

段落のfont-sizeを変更したり、システムのデフォルトフォントサイズを調整したりすると、（最大の）カラム幅が変わってしまいます。なぜなら文字数とピクセル数には相関関係がなく、最大のカラム幅を適切に保持するアルゴリズムが存在しないからです。

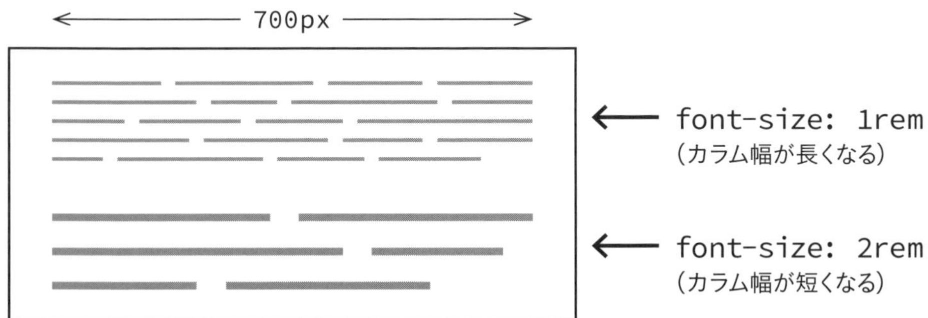

しかし、ありがたいことに、CSSにはch単位があります。1chの値は、適用されているフォントの0の文字幅を基準とします。重要なのは、font-sizeを変更すると1chの値も変化し、カラム幅はそれに連動するということです。ch単位の使用は、それだけでカラム幅に対するアルゴリズム的アプローチです。導かれる結果は、デザイナーがブラウザに指示した計算に基づいたものになります。

監訳者注

アルファベットでは1文字分の幅がそれぞれ異なるため、
1文字分を正確に表現できるCSS単位がありません。
しかしCSS単位で表現できるものの中では、アルファベットの多くは
0の文字幅に比較的近いため、目安としてch単位を使用しています。
日本語の場合であれば、1emの倍数を使用するのがよいでしょう。

chを使うとfont-sizeに依存しない公理が実現可能になります。そのおかげであらゆる箇所への適用が可能になり、「間違ったことをする」危険がなくなります。どこかのドキュメントに「カラム幅は60chを超えないこと」と書き留める必要はありません。直接コード化することによってデザインそのものの特性にしてしまえるのです。

目で見ずにデザインする

公理によるデザインを行うためには、考え方を切り替える必要があります。公理は、目に見える成果物を直接的に作り出すものではありません。成果物に現れる特徴を定めるだけです。

それゆえ結果として、予想と違った見た目や動きになることもあります。たとえば、本文のフォントサイズのカラム幅よりもそれを囲うコンテナの幅のほうが広い場合、コンテナの中にある要素にそれぞれ別々のフォントサイズが設定されていると、ひとつひとつが異なる割合でコンテナを占有することになるでしょう。1chの幅はフォントサイズが大きくなるほど広がっていくためです。

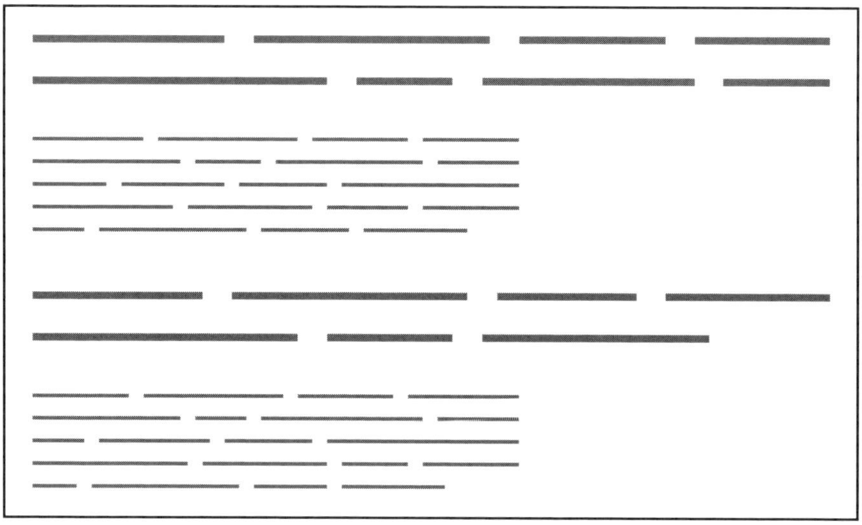

公理を構想していたとき、このような見た目になることは思い描いていなかったかもしれません。しかし、好ましくない結果になったわけでもありません。それどころか、CSSは意図した通りに機能しています。いかなるコンテキストであっても適切なカラム幅を維持できています。

本来、Webのためにデザインすることは、「目で見ずに」デザインするということです。次の条件から生じる、あらゆる視覚的な組み合わせをすべて想定しておくことは不可能だからです。

1. レイアウトコンポーネントの自由な配置
2. エンドユーザーごとの状況や設定

Webのためにデザインすることは、目に見える成果物を作るのではなく、目に見える成果物を生成するための「計画」を記述する行為だと考えましょう。公理は、ブラウザがいかにして成果物を生成するかに作用する規則です。これがよく考えられたものであればあるほど、ブラウザはよりユーザーに便宜を図れるようになるのです。

グローバルなデフォルト

公理の実現には、該当するあらゆる要素に規則が適用されていることが必須です。これはセレクタの問題です。たとえば、そのためのクラスセレクタを作ることもできます。

```
.measure-cap {
  max-width: 60ch;
}
```

しかし、早々に（ユーティリティ）クラスの観点から考えるのは間違いです。それは、該当するあらゆるHTMLの要素に、ひとつひとつ手動でスタイルを適用することを意味します。手間のかかる作業であり、かつ（要素の抜け漏れのような）人為的なミスが起こりやすく、おまけにマークアップの肥大化に繋がります。

その代わりに、規則をどの種類の要素に適用するかを考えてみましょう。テキストのためにあるフロー要素は間違いなく含まれるでしょう。一方、<em>や<small>のようなインライン要素は含める必要がありません。というのも、これらは親のフロー要素のカラム幅よりも狭い幅にしかなり得ないからです。

```
p,
h1,
h2,
h3,
h4,
h5,
h6,
li,
figcaption {
  max-width: 60ch;
```

```
}
```

例外ありきのスタイル設定

このとき、必要なすべての種類の要素を把握しておくのは容易ではありません。そうした場合には、例外ありきのアプローチが便利です。規則に従わない要素だけを把握しておけばよいからです。なお、次の例ではインライン要素も含まれることになりますが、それらの要素が占有するスペースは親要素と同じかそれ以下にしかならないので問題ありません。

```
* {
  max-width: 60ch;
}

html,
body,
div,
header,
nav,
main,
footer {
  max-width: none;
}
```

中でも<div>要素は、汎用的なコンテナあるいはラッパーとして使われる傾向があります。<div>要素の中にはいくつかのBox（「Box」の節を参照）が含まれることがよくありますが、そのBoxには60chを超えて幅いっぱいのスペースを占有させたい場面もあるでしょう。そのため、親要素は論理的な例外とします。

例外ありきのアプローチは、最大限のCSSのスタイル設定を最小限のコードで可能にします。もし例外ありきのアプローチを好まないのだとすれば、それは例外を設定することが「間違いを正すこと」のように感じられるためかもしれません。しかし、それは誤解です。CSSは、カスケードをはじめとした各種特性[※7]をもって、例外を定めるために設計されています。ハリー・ロバーツ（Harry Roberts）がITCSS（Inverted Triangle CSS）[※8]で論じているように、詳細度（セレクタの特異性）と影響範囲の広さ（影響を受ける要素の数）は反比例の関係にあります。

ユニバーサルな値

カラム幅の値をあちこちで使い始める前に、あらかじめカスタムプロパティとして定義しておくとよいでしょう。こうしておくと、1箇所の値を変更するだけでデザイン全体に反映できるようになります。

すべてのカスタムプロパティをグローバルなものにする必要はありません。しかしここでの目的は、要素やprops、ユーティリティクラスにわたって、共通のデザインを実現することです。そのため、カラム幅のカスタムプロパティは`:root`要素に配置します。

```
:root {
  --measure: 60ch;
}
```

これを、まずはユニバーサルなブロックに適用します。

```
* {
  max-width: var(--measure);
}

html,
body,
div,
header,
nav,
main,
footer {
```

※7. CSS Inheritance, The Cascade And Global Scope: Your New Old Worst Best Friends - Smashing Magazine▶筆者のヘイドン氏による、カスケードに代表されるCSSの基礎的な機能を素直に使用することで、柔軟でシンプルな設計を実現するため方法についての解説です。 https://www.smashingmagazine.com/2016/11/css-inheritance-cascade-global-scope-new-old-worst-best-friends/

```
  max-width: none;
}
```

ユーティリティクラスにも必要に応じて同様に。

```
.max-width\:measure {
  max-width: var(--measure);
}

.max-width\:measure\/2 {
  max-width: calc(var(--measure) / 2);
}
```

エスケープ

先ほどの例のように、スラッシュやコロンのような特殊な文字は、バックスラッシュを使ってエスケープする必要があります。

合成レイアウトにおけるカラム幅

レイアウトプリミティブの中には、カラム幅の類いのpropを指定することが必須のものや、propのデフォルト値がvar(--measure)になっているものがあります。Switcherにあるthreshold propは、レイアウトを水平配置にするか垂直配置にするかを切り替えるしきい値となるコンテナの幅を定義するものです。

```
get threshold() {
  return this.getAttribute('threshold') ||
'var(--measure)';
}

set threshold(val) {
```

※8. ITCSS: Scalable and Maintainable CSS Architecture - Xfive ▶ CSSのソースコードにおいて、詳細度の低いスタイルから高いスタイルの順に並ぶように管理することで、シンプルで理解しやすい設計を実現するためのCSSアーキテクチャです。 https://www.xfive.co/blog/itcss-scalable-maintainable-css-architecture/

```
  return this.setAttribute('threshold', val);
}
```

このデフォルトは多くの用途に適していますが、任意の文字列で上書きすることも簡単にできます。

```
<switcher-l threshold="20rem">...</switcher-l>
```

thresholdに不正な値を指定すれば、その宣言は無視されます。代わりに、Switcherのフォールバックスタイルシート※9によってもれなくデフォルト値が適用されます。

カラム幅に関するこれらのアプローチは制御を前提としたものですが、節度を保っており、ブラウザの働きやユーザーの利用方法に十分配慮しています。デザインを統治する「公理」の多くは、「本文のフォントはXXになる」や「見出しは紺色になる」などのように、レイアウトには影響しないので、グローバルスタイルで適用するほうがずっと簡単です。レイアウトを考慮するときは、あらゆる構成や向きについて慎重になってください。プロパティや値、単位は、デザイナーに代わってブラウザ自身が最適なレイアウトを計算できるようなものを選択しましょう。

※9. **Switcher.css**▶https://every-layout.dev/css/layouts/Switcher.css

Chapter 2

レイアウト

2 01

Stack

問題

フロー要素にはスペース（余白）が欠かせません。物理的な意味でも、概念的な意味でも、前後の要素との間には距離を取る必要があります。この役割を果たすのがmarginプロパティです。

デザインシステムにおいては、要素やコンポーネントはそれぞれ独立したものと考えます。設計の時点では、周囲が別のコンテンツに取り囲まれるかどうかも、そのコンテンツがどのような性質なのかも決まっていません。ある要素やコンポーネントがさまざまな場面で登場する可能性があり、それに応じてスペースの要件も異なります。

慣習的に、スタイル設定は要素や要素のクラスに対して行います。これは、スタイル宣言を要素に「結びつけている」ということです。基本的にはそのことに問題はありません。しかしmarginは実のところ、近接するふたつの要素間の「関係性」を扱うプロパティです。そのため、次のコードには問題があります。

```
p {
  margin-bottom: 1.5rem;
}
```

この宣言ではコンテキストを考慮できておらず、マージン設定が適切なものになるかどうかは場合によります。段落要素の後に他の要素が続く場合にはうまく機能しますが、:last-childにあたる段落には余計なマージンができてしまいます。さらには、親要素にパディングが設定されている場合、その内側で、この余計なマージンと親要素のパディングが足し合わされて二重のスペースができてしまいます。それが、このアプローチのひとつの問題です。

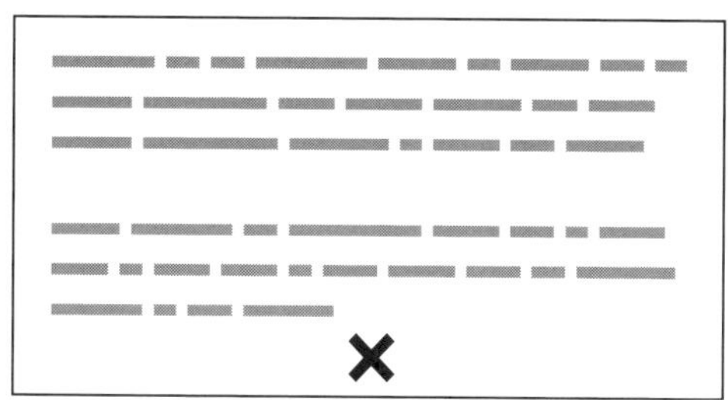

解決策

コツは、個々の要素ではなくコンテキストに対してスタイルを設定することです。Stackレイアウトプリミティブでは、要素間へのマージンの挿入を、それらの共通の親要素を介して行います。

```
.stack > * + * {
  margin-top: 1.5rem;
}
```

隣接兄弟結合子（+）を使用する場合、要素の前に別の要素が存在するときのみmargin-topが適用されます。「余り」のマージンができることはありません。そしてユニバーサル（またはワイルドカード）セレクタ（*）によって、あらゆる種類の、すべての要素に作用するようになっています。鍵となる* + *の組み合わせは、フクロウセレクタ※1と呼ばれています。

行の高さとモジュラースケール

前述の例では、margin-topの値に1.5remを使いました。この値をよく使用しているのは、本文の（たいてい好ましい）line-heightが1.5であるためです✎。

監訳者注

和文では、もう少し間隔を広げた1.7程度にするのが一般的です。

デザインにおいて垂直方向のスペースは、本文のline-heightに基づいている

※1. Axiomatic CSS and Lobotomized Owls - A List Apart ▶ 筆者のヘイドン氏による、フクロウセレクタを利用して公理的なCSSを実現する方法の解説です。 https://alistapart.com/article/axiomatic-css-and-lobotomized-owls

> べきです。テキストはページレイアウトの大部分を占めるので、テキストの1行分の高さが自然な尺度になります。
>
> 本文のline-heightが1.5（つまりfont-sizeの1.5倍）であれば、1.5をモジュラースケールの比率に使うのが理にかなっています。これについては、「モジュラースケール」の節で紹介しています。CSSのカスタムプロパティを用いて実現します。
>
> | 1.5 |
> | --- |
> | 1.5 |
> | 1.5 |
> | 1.5 の倍数または指数 |
> | 1.5 |
> | 1.5 |
> | 1.5 |
> | 1.5 の倍数または指数 |

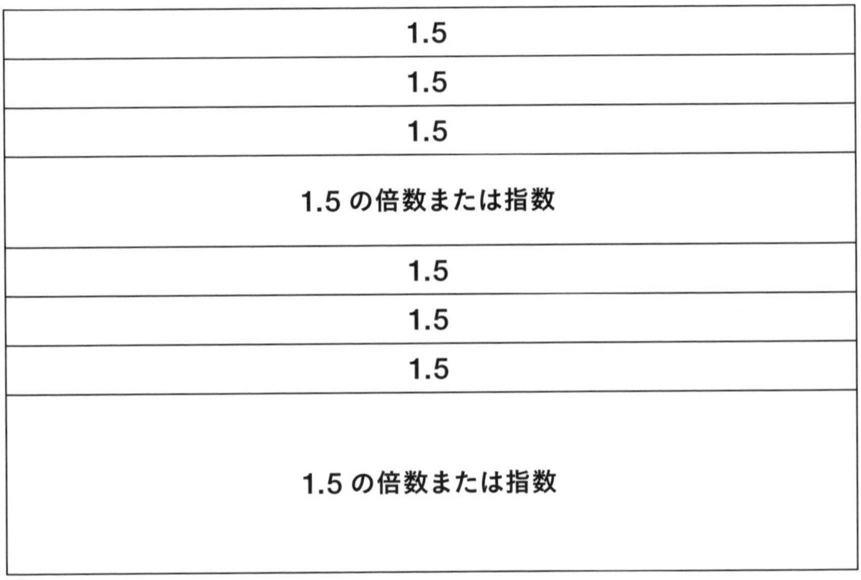

再帰的

前述の例では、子結合子（>）によって.stack要素の子要素にのみマージンが適用されます。もし、マージンを再帰的に挿入したければ、この結合子をセレクタから取り除くだけで実現できます。

```
.stack * + * {
  margin-top: 1.5rem;
}
```

これが便利なのは、入れ子の階層にかかわらず要素に作用して余白の規則性を維持したいときです。

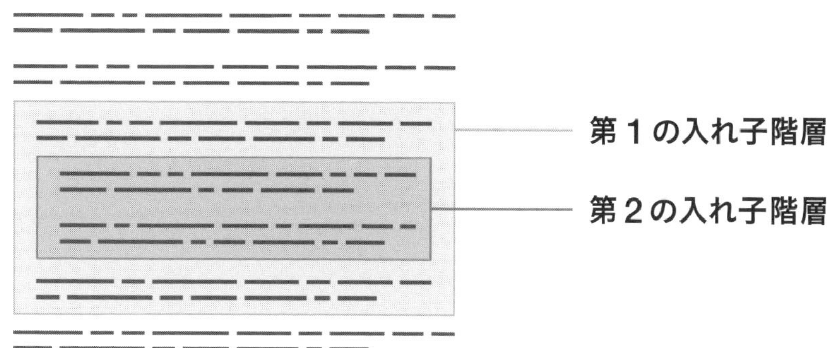

Stackコンポーネント（後ほど説明します）を利用した次のデモを見てみましょう。ボックス型の要素が並んでおり、そのうちのふたつは別の要素の入れ子になっています。再帰的にマージンが適用されているので、親要素である単一のStackだけでそれぞれのボックスの等間隔な配置が実現されています。

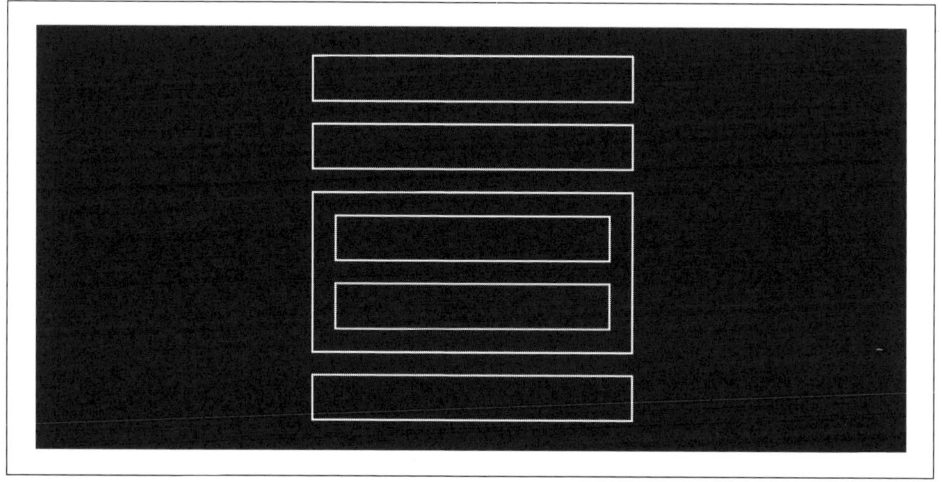

このインタラクティブなデモは、https://every-layout.dev/demos/stack-recursion/でご覧になれます。

再帰を使用すると、望まない要素にまで作用してしまうことがよくあります。たとえば一般的なリスト項目の場合、マージンで項目間の間隔を空けることはあまりありませんが、再帰状態のStackの中に配置されると間隔が広がってしまいます。

入れ子のバリエーション

再帰的に適用されるマージンの値は、入れ子の深さにかかわらず同じになります。これを個別に調整するには、再帰的ではない状態のStackを適切な場所に入れ子にし、マージンに別の値を設定します。次のように考えてみましょう。

```
[class^='stack'] > * {
  margin-top: 0;
  margin-bottom: 0;
}

.stack-large > * + * {
  margin-top: 3rem;
}

.stack-small > * + * {
  margin-top: 0.5rem;
}
```

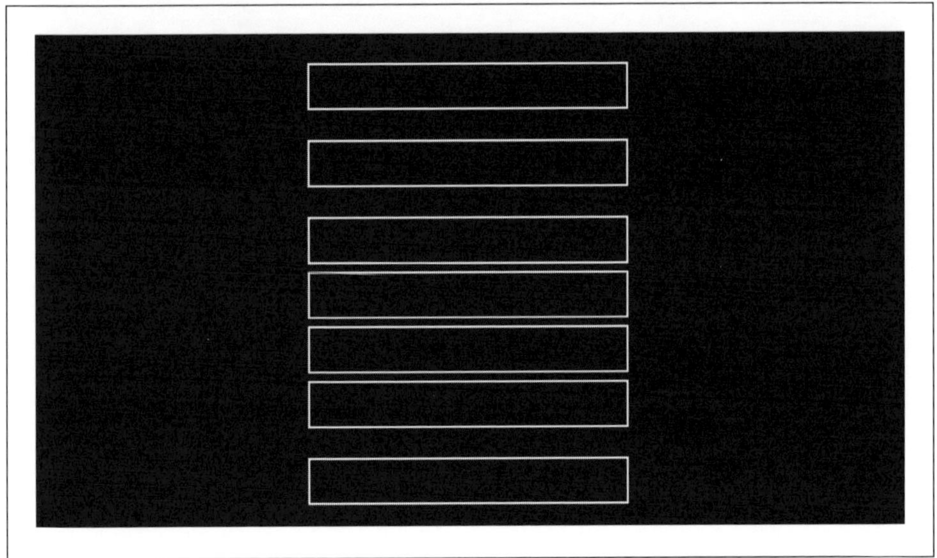

このインタラクティブなデモは、https://every-layout.dev/demos/stack-variants/で

ご覧になれます。

最初の宣言ブロックとセレクタは、すべてのStackのたぐいの要素（クラスがstackで始まるもの）において垂直方向のマージンをリセットします。垂直方向のマージンのみをリセットすることが重要です。Stackが作用するのは垂直方向のマージンのみとし、その責務を超える働きをさせるべきではありません。場合によっては、このリセットの代わりに、ユニバーサルにマージンをリセットしてもかまいません（「グローバルスタイルとローカルスタイル」の節を参照）。

ふたつ目とみっつ目のブロックは、マージンの値が異なるStackをそれぞれ別に定義しています。これらを入れ子にすることで、次の図のようなフォームレイアウトが作成できます。気をつけておきたいのは、ラベル要素にはdisplay: blockを適用する必要があることです。これによってラベルが入力フィールドの上に位置し、マージンが実際にスペースを作り出すようになります（インライン要素には垂直方向のマージンは効果がありません。「ボックス」の節の「displayプロパティ」の項を参照）。

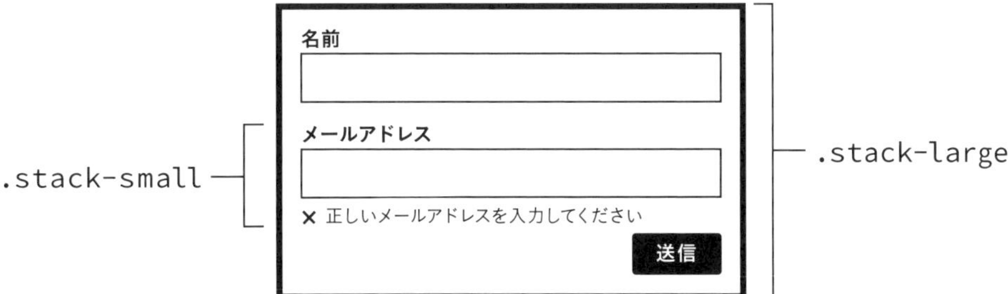

Every Layoutでは、カスタム要素を使って、Stackなどのレイアウトコンポーネント（プリミティブ）の実装をしています。Stackコンポーネントでは、space prop（プロパティまたは属性）によってスペースの値を定義します。前の図のモディファイアクラス（.stack-smallと.stack-large）は説明のための例です。カスタム要素での実装については、節の末尾にある「入れ子」の例を参考にしてください。

例外

CSSが最も効力を発揮するのは、例外ありきの言語として使用されるときです。まず広範囲にわたる規則を記述し、それから特殊なケースに合わせて、カスケードを使った規則の上書きをします。Stackの場合では、「Managing Flow and Rhythm with CSS Custom Properties ※2」で述べられているように、Stackのコンテキスト内（つまり同じ入れ子階層）において要素ごとの例外が設定できます。

```
.stack > * + * {
  margin-top: var(--space, 1.5em);
}

.stack-exception,
.stack-exception + * {
  --space: 3rem;
}
```

監訳者注

次のようなHTMLを想定しています。

```
<div class="stack">
  <div><!-- 子要素 --></div>
  <div><!-- 子要素 --></div>
  <div class="stack-exception"><!-- 子要素 --></div>
  <div><!-- 子要素 --></div>
</div>
```

この例では、.stack-exception要素の上部だけでなく、下部のスペースも広げていることに注意してください。上部だけを広げたければ、.stack-exception + *を取り除きます。

*は詳細度を持たないため、.stack > * + *と.stack-exceptionは詳細度が同じになり、.stack-exceptionが.stack > * + *を上書きします。これはカスケードによるものです（スタイルシート上で後に記述されるため）。

Stackの中の区分け

Stackをフレックスコンテキストにすると、任意の要素にautoマージンを適用できる

※2. Managing Flow and Rhythm with CSS Custom Properties ◆ 24 ways ▶https://24ways.org/2018/managing-flow-and-rhythm-with-css-custom-properties/

という、強力な機能を追加できます。これによって、要素をそれぞれ上下にグループ化できるようになります。カード系のコンポーネントに便利です。

次の例では、ふたつ目の要素より後ろの要素がボックスの下部にまとまるようになります。

```
.stack {
  display: flex;
  flex-direction: column;
  justify-content: flex-start;
}

.stack > * + * {
  margin-top: var(--space, 1.5rem);
}

.stack > :nth-child(2) {
  margin-bottom: auto;
}
```

カスタムプロパティの位置

重要なのは、いくつかのプロパティは親の.stack要素に設定されているにもかかわらず、--spaceの値だけは子要素に設定されていることです。親要素に--spaceプロパティが設定されていると、入れ子にした際にこの親が子要素になったときに上書きされてしまいます（前述の「入れ子のバリエーション」を参照）。

このレイアウトは、次に例示するプレゼンテーション（またはスライドエディタ）のデモにおいて確認できます。右側に配置されているCover要素には最小の高さとして66.666vhが設定されていますが、それに伴って、左側にあるサイドバーの高さは自身のコンテンツよりも大きくなっています。そのため、サムネイル画像と「Add slide」ボタンの間には隙間ができています。

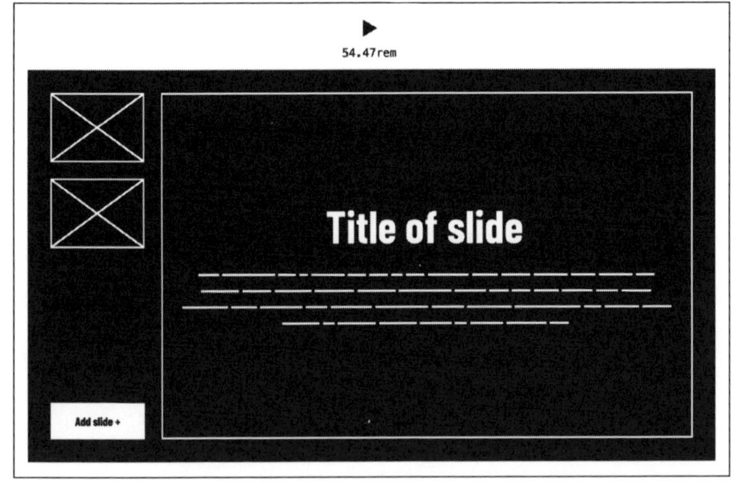

このインタラクティブなデモは、https://every-layout.dev/demos/stack-split/でご覧になれます。

Stackが兄弟要素を持たず、親要素にとっての唯一の子要素である場合、前のデモのように要素自身の高さが強制的に引き伸ばされることはありません。そうした場合でも、子のStackよりも親要素のほうが高さがあるときには、heightを100%にすることでStackの高さが親要素と同じになるので、要素をそれぞれ上下にグループ化できるようになります。

```
.stack:only-child {
  height: 100%;
}
```

使い方

Stackレイアウトの有用性は計りしれません。要素が積み重なることがあれば、どこででもStackの効力を発揮できるはずです。唯一、グリッドセルのように隣接する要素は

Stackのメンバーになるべきではありません。ただし、グリッドセルそのものはStackになるかもしれませんし、グリッド自身がStackのメンバーになることもあります。

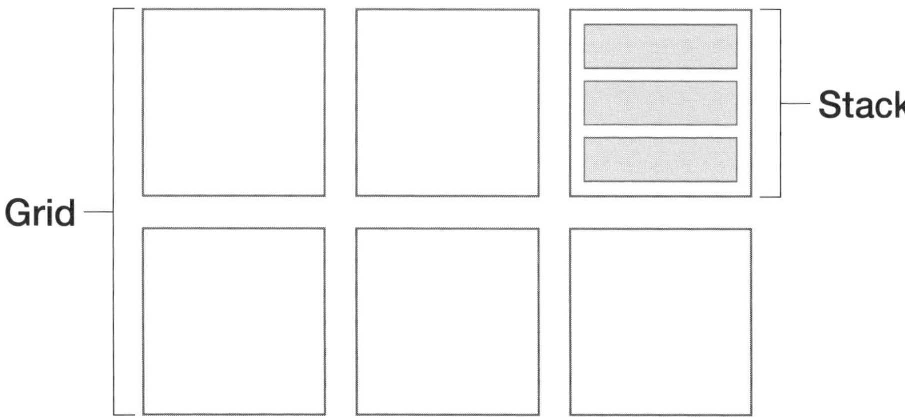

実装例

Stackレイアウトを実装するための完全なコード例を紹介します。

CSS

```
.stack {
  /* ↓ フレックスコンテキスト */
  display: flex;
  flex-direction: column;
  justify-content: flex-start;
}

.stack > * {
  /* ↓ 既存の垂直マージンを削除 */
  margin-top: 0;
  margin-bottom: 0;
}
```

```
.stack > * + * {
  /* ↓ 連続する要素だけに上方向のマージンを適用 */
  margin-top: var(--space, 1.5rem);
}
```

HTML

```
<div class="stack">
  <div><!-- 子要素 --></div>
  <div><!-- 子要素 --></div>
  <div><!-- 子要素 --></div>
</div>
```

コンポーネント(カスタム要素)

カスタム要素によるStackの実装は、https://every-layout.dev/downloads/Stack.zip からダウンロードして利用できます。

コンポーネントの使い方

Every Layoutで提供するコンポーネントは、相互運用性のあるWebコンポーネントを使って実装されています。コンポーネントは、プレーンなHTMLドキュメントに加え、VueやPreact、マークダウンなどで使用することができます。いくつかコツを紹介します。

1. **webpackなどのモジュールバンドラーを使用する場合、コンポーネントをインポート(`import ComponentName from './path/to/ComponentName.js'`)して初期化します。バンドラーを使用していない場合、`<script>`を介してインポートします。`<script>`には`type="module"`が必要です。**
2. **必ず付属のCSSファイルを読み込んでください。このファイルには、初期スタイルと、JSまたはカスタム要素がサポートされていない場合のフォールバックとなるスタイルが記述されています。このスタイルシートは、好みの**

※3. **polyfills/packages/webcomponentsjs at master - webcomponents/polyfills - GitHub** ▶ https://github.com/webcomponents/polyfills/tree/master/packages/webcomponentsjs

デフォルト設定に合わせて調整するとよいでしょう。

3. (プログレッシブエンハンスメントにする代わりに) 古いブラウザをサポートしたい場合は、webcomponentsjsポリフィル ※3 を含めてください。webpackにバンドルする場合は、`custom-elements-es5-adapter.js` ※4 も必要になります。カスタム要素はES5に変換できないため、これはコンパイルせずに別途追加しなくてはなりません。
4. コンポーネントは、Every Layoutサイトで利用されているモジュラースケールの値をデフォルト値として使用することができます。これは`var(--s[number])`といった形式のものです。Every Layoutのモジュラースケール (「モジュラースケール」の節を参照) を参考にするか、同じ命名規則で独自のものを作って定義する必要があります。もしくは、JavaScriptファイル内でモジュラースケールではない値を使用するよう変更します。
5. レイアウトコンポーネントは属性の値を変更するたびに再描画されます。そのため、ブラウザの開発者ツールで動的にレイアウトを操作することもできますし、アプリケーションの状態に基づいて変化されることもできます。

次のコードは、バンドラーを使用せずに通常のHTMLドキュメントでStackコンポーネントを使用する例です。`type="module"`を使用する際のセキュリティ上の要件により、ページは (ローカル) サーバー経由で動作させる必要があります。

■HTML

```
<!doctype html>
<html lang="ja">
  <head>
    <meta charset="utf-8">
    <meta name="viewport" content="width=device-width">

    <!-- コンポーネントのファイルを読み込み -->
    <link rel="stylesheet" href="/path/to/Stack.css">
    <script type="module" src="/path/to/Stack.js"></script>

    <!-- 制作者のCSSを読み込み -->
```


※4. custom-elements-es5-adapter.js § polyfills/packages/webcomponentsjs at master - webcomponents/polyfills - GitHub ▶ https://github.com/webcomponents/polyfills/tree/master/packages/webcomponentsjs#custom-elements-es5-adapterjs

```
    <link rel="stylesheet" href="/path/to/author.css">
  </head>

  <body>
    <stack-l>
      <div>子要素</div>
      <div>子要素</div>
      <div>子要素</div>
    </stack-l>
  </body>
</html>
```

■CSS

```
:root {
  --ratio: 1.5;
  --s-5: calc(var(--s-4) / var(--ratio));
  --s-4: calc(var(--s-3) / var(--ratio));
  --s-3: calc(var(--s-2) / var(--ratio));
  --s-2: calc(var(--s-1) / var(--ratio));
  --s-1: calc(var(--s0) / var(--ratio));
  --s0: 1rem;
  --s1: calc(var(--s0) * var(--ratio));
  --s2: calc(var(--s1) * var(--ratio));
  --s3: calc(var(--s2) * var(--ratio));
  --s4: calc(var(--s3) * var(--ratio));
  --s5: calc(var(--s4) * var(--ratio));
}
```

PropsのAPI

次のprops（属性）が変更された場合には、Stackコンポーネントが再描画されます。変更するには、手動でブラウザの開発者ツールを使用することも、アプリケーションの状態に基づいて変化させることもできます。

名前	データ型	デフォルト値	説明
space	`string`	`"var(--s1)"`	CSSの`margin`の値
recursive	`boolean`	`false`	スペースが再帰的に（入れ子階層に関係なく）適用されるか
splitAfter	`number`		Stackを区分けするために後ろに`auto`マージンを適用する要素の位置

例

■基本

```
<stack-l>
  <h2><!-- テキスト --></h2>
  <img src="path/to/some/image.svg" />
  <p><!-- テキスト --></p>
</stack-l>
```

■入れ子

```
<stack-l space="3rem">
  <h2><!-- 見出しラベル --></h2>
  <stack-l space="1.5rem">
    <p><!-- 本文 --></p>
    <p><!-- 本文 --></p>
    <p><!-- 本文 --></p>
  </stack-l>
  <h2><!-- 見出しラベル --></h2>
  <stack-l space="1.5rem">
    <p><!-- 本文 --></p>
    <p><!-- 本文 --></p>
    <p><!-- 本文 --></p>
  </stack-l>
```

```
</stack-l>
```

■再帰的

```
<stack-l recursive>
  <div><!-- 第1階層の子要素 --></div>
  <div><!-- 第1階層の兄弟要素 --></div>
  <div>
    <div><!-- 第2階層の子要素 --></div>
    <div><!-- 第2階層の兄弟要素 --></div>
  </div>
</stack-l>
```

■リストのセマンティクス

場合によっては、スクリーンリーダーのために、ブラウザにStackをリストとして解釈させなければいけません。このためには次のARIA属性を使用します。

```
<stack-l role="list">
  <div role="listitem"><!-- ひとつ目の項目のコンテンツ --></div>
  <div role="listitem"><!—- ふたつ目の項目のコンテンツ --></div>
  <div role="listitem"><!—- みっつ目の項目のコンテンツ --></div>
</stack-l>
```

問題

「基礎」の章の「ボックス」の節で述べた通り、描画される要素はすべてボックス状になります。ではこれから述べるBoxレイアウトは、そして、そのために用意されたBoxコンポーネントは、何のためにあるのでしょうか？

Every Layoutのレイアウトはすべて、ボックスを組み合わせて配置するためのものです。ボックスを何らかの方法で並べて、合成によって視覚的な構造を形成します。たとえばシンプルなStackレイアウトでは、任意の数のボックスを取り囲んで、それらの間に垂直方向のマージンを挿入します。

重要なのは、Stackには垂直方向のマージンを挿入する以外の役割を与えないことです。別の責務を持つようになると、本来の用途が曖昧になってしまいます。システム内の他のレイアウトプリミティブも、Stackの周りではどのように利用すべきかわからなくなってしまうでしょう。

つまり、「関心の分離」の議論です。これはコンピュータサイエンスと同様に、ビジュアルデザインにおいてもシステムの観点で有用なもので、デザインの要素ごとに専用の固有な責務を持たせるべきです。デザインは、コンポジションを通して形作られるものです。

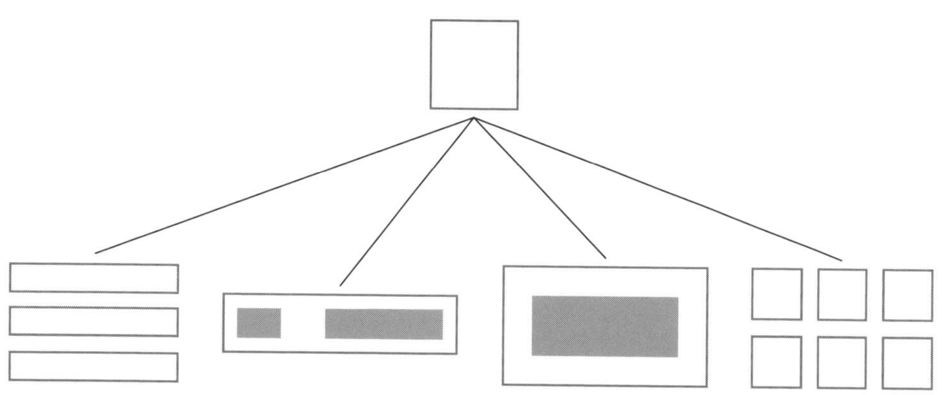

本書のレイアウトシステムにおけるBoxの役割は、個々の要素に固有と言えるスタイルを管理することです。つまり、周りのレイアウトから指示されたり、継承されたり、暗示されたりしないスタイルを対象としています。しかし、そのようなスタイルは無数にありそうに思えます。

ところが、案外そうでもありません。CSSの手法の中には、個々の要素にあらゆるスタイルを適用できるようにするものも（見方によっては苦痛ではあるものの）ありますが、多くのスタイルはそのようにひとつずつ記述する必要がありません。font-familyやcolor、line-heightのようなスタイルはすべて、継承させたりグローバルに適用したりできます（「グローバルスタイルとローカルスタイル」の節を参照）。また、そうすべきでもあります。これらのスタイル設定を個別に行うことには無駄があります。

```
:root {
  font-family: sans-serif;
}

.box {
  /* ↓ このスタイルは継承されるため不要 */
  /* font-family: sans-serif; */
}
```

もちろん、複数のfont-familyを使ってデザインすることもあるでしょう。しかし、その場合でも、すべてを個別的なものとしてスタイル設定するよりも、まずデフォルト（ベース）のスタイルを適用してから、その後で「例外」を設定するほうが効率的です。

好都合なことに、グローバルスタイルの多くは「ブランディング」に関わるスタイルです。つまり美観に影響するスタイルであって、対象となる要素の「構造」には影響しません。本書の目的は「レイアウトシステム」の作成と考察であり、ブランディング（美観）には言及しません。構築しようとしているのは、動的でレスポンシブなワイヤーフレームであり、美観はその上に付け加えられるものです。

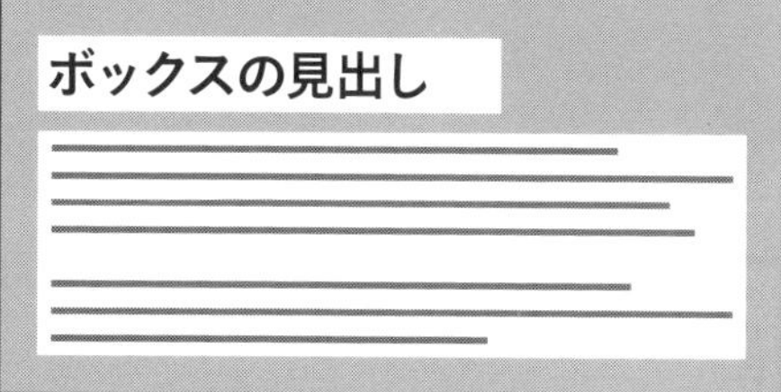

美観は異なるがレイアウトは同じ。

したがって、Boxに適用するプロパティの選択肢は限られています。ここからさらに候補となるプロパティの数を絞るため、レイアウト固有のプロパティのうち、どれをBoxの親要素や祖先要素で扱うべきかを十分に検討する必要があります。

解決策

すでに述べた通り、マージンはコンテキストに基づいて適用されるべきです。幅と高さは、外因的な値（flex-basisとflex-grow、flex-shrinkの組み合わせにより計算される幅など）や、Boxの内側のコンテンツから自然に導かれるべきです。

こう考えましょう。入るものがなければ、ボックスは不要です。入るものがあれば、最適なのは、過不足のないぴったりのスペースを持ったボックスです。

パディング

しかし、パディングは別です。要素の外側ではなく、内側に作用するプロパティなので、Box自体のスタイル設定のオプションにすべきです。問題は、Boxのpaddingをどの程度制御する必要があるかということです。なにしろCSSには、padding-topにpadding-right、padding-bottom、padding-leftがあり、そしてショートハンドのpaddingもあります。

意識すべきは、ここで構築しようとしているのはレイアウトシステムであり、レイアウトシステムを作成するためのAPIではないということです。CSS自体がすでにAPIです。Boxでは、すべての辺にパディングを適用するか、どの辺にも適用しないかのどちらかにします。なぜなら特定の（もしくは非対称の）パディングを持つ要素は、Boxというよりも、より限定的な問題を解決するための別の何かだからです。この問題はたいていの場合、要素間のスペースの設定に関係していますが、解決に適しているのはmarginです。そして、マージンが位置するのはBoxのボーダーの外側です。

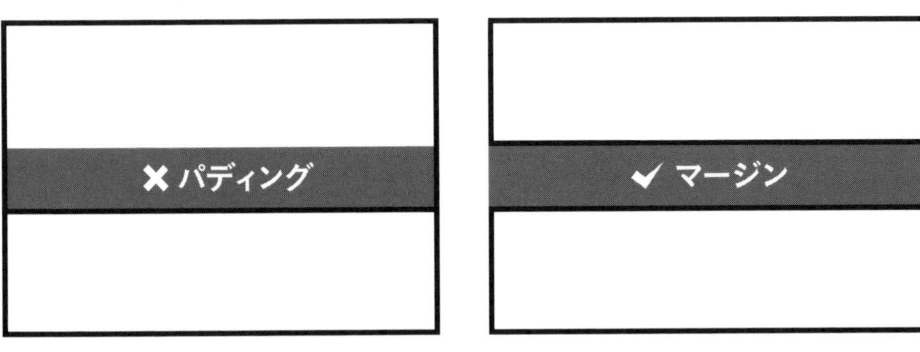

次の例では、paddingの値にモジュラースケールの最初の値を使用しています。これはすべての辺に適用されます。Boxのコンテンツを縁から離すことのみを目的としています。

```
.box {
  padding: var(--s1);
}
```

ボックスモデル

「基礎」の章の「ボックス」の節で述べた通り、サイズに関するいくつかの問題はbox-sizing: border-boxを適用すると回避できます。ただしこれはBoxだけではなく、すべての要素に適用されている必要があります✎。

```
* {
  box-sizing: border-box;
}
```

✎監訳者注

この手法を採用する場合には、::beforeセレクタと::afterセレクタも併記して擬似要素まで含めて適用しておくと便利です。

目に見えるボックス

Boxは、実際にボックスの形をしていて初めてBoxと言えます。もちろんすべての要素はボックスの形をしていますが（「基礎」の章の「ボックス」の節を参照）、Boxはいかにもそのように「見える」はずです。Boxには通常、borderかbackgroundのいずれかを適用することを想定しているためです。

paddingと同じように、borderも、すべての辺に適用するかどの辺にも適用しないかのどちらかです。要素を区切るためにボーダーを使う場合は、Stackにおけるmarginと同様、コンテキストに応じたものになるように親要素を介して設定します。そうしなければ、ボーダーがくっついて二重になってしまいます。

⋆ + ⋆

⋆ + ⋆

⋆ + ⋆

⋆ + ⋆

⋆ + ⋆セレクタを使ってborder-topの値を適用すると、子要素間のボーダーのみが表示されます。親Boxの外周のボーダーと接触するものはありません。

CSSを書いたことがあれば、ボックス状の見た目にするためにbackground-colorを使用したことがあるでしょう。background-colorを変更するとたいてい、コンテンツの判読性を保つためにcolorの変更も必要になります。これを簡単に行うには、color: inheritをBoxの中のすべての要素に適用します。

```
.box {
  padding: var(--s1);
}

.box * {
  color: inherit;
}
```

強制的に継承させることで、colorの変更を（background-colorと一緒に）Boxのみで行えます。次の例では、.invertクラスを使用してcolorプロパティとbackground-colorプロパティを入れ替えています。カスタムプロパティによって、明るい値と暗い値が1箇所で調整できるようになります。

```
.box {
  --color-light: #eee;
  --color-dark: #222;
  color: var(--color-dark);
  background-color: var(--color-light);
  padding: var(--s1);
}

.box * {
  color: inherit;
}

.box.invert {
  /* ↓ 暗い色は明るい色に、明るい色は暗い色に変わる */
  color: var(--color-light);
  background-color: var(--color-dark);
}
```

反転フィルター

グレースケールのデザインでは、「明るい背景に暗いテキスト」と「暗い背景に明るいテキスト」をfilterの宣言で簡単に切り替えられます。次のコードをご覧ください。

```
.box {
  --color-light: hsl(0, 0%, 80%);
  --color-dark: hsl(0, 0%, 20%);
  color: var(--color-dark);
```

```
  background-color: var(--color-light);
}

.box.invert {
  filter: invert(100%);
}
```

--color-lightは輝度80%で明るく、--color-darkは輝度20%で暗いため、これらは実質的に真逆です。filter: invert(100%)を適用すると、このふたつが反転します。これと同様の手法を利用して、ライトテーマとダークテーマの切り替え機能[※1]を作成することもできます。

filter: invert(100%)

ボックスの見出し

ボックスの見出し

有彩色のデザインの場合も同様に反転されますが、あまり好ましい結果は期待できません。

ボーダーを使用しない場合、background-colorだけではボックスの形を表すのに不十分なことがあります。ハイコンストラストテーマ[※2]では背景が取り除かれてしまうことがよくあるためです。この場合でも、透明なoutlineを使用することで、ボックスの見た目になるように修正できます。

```
.box {
  --color-light: #eee;
  --color-dark: #222;
  color: var(--color-dark);
  background-color: var(--color-light);
```

※1. **A Theme Switcher - Inclusive Components**▶筆者のヘイドン氏による、テーマの切り替え機能の実装方法の解説です。
https://inclusive-components.design/a-theme-switcher/

※2. **High-contrast themes - Windows apps | Microsoft Docs**▶ハイコントラストテーマの解説です。Windowsでは、画面に表示されている要素の色をハイコントラストにして見やすくするためのテーマがあり、主にロービジョン（弱視）のユーザーに利用されています。 https://docs.microsoft.com/en-us/windows/uwp/design/accessibility/high-contrast-themes

```
  padding: var(--s1);
  outline: 0.125rem solid transparent;
  outline-offset: -0.125rem;
}
```

これはどのような仕組みでしょうか？　ハイコントラストテーマが有効になっていないときには、アウトラインは表示されません。また、outlineプロパティはレイアウトに影響しません（対象の要素を基点にして、他の要素の上を覆うように広がります）。Windowsのハイコントラストモードが有効[※3]になっているときは、アウトラインに色がついてボックスが見えるようになります。

outline-offsetを負の値にすると、アウトラインはBoxの境界の中に移動し、ボーダーのように機能します。ボックスのサイズが外側に広がることはありません。

使い方

Boxの使い方として基本的かつ非常に効果的なのは、コンテンツのグループ化です。たとえば、本文中のフローコンテンツとして表示されるメッセージや注意書き、グリッド状に配置されるカード[※4]、ダイアログ要素の内側に配置されるラッパーなどです。

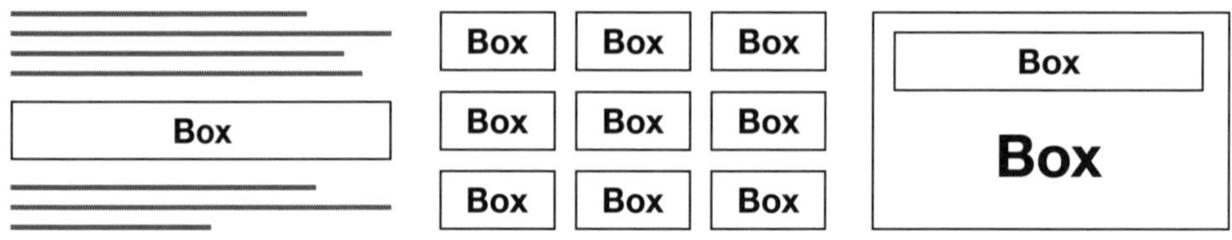

また、ボックスをただ組み合わせるだけで便利なコンポジションを作成することもできます。Boxにヘッダー要素を追加するには、親であるBoxの中にふたつの隣接するBoxを入れ子にします。

※3. Turn high contrast mode on or off in Windows - support.microsoft.com ▶ハイコントラストモードを有効化する方法についての解説です。 https://support.microsoft.com/en-gb/help/4026951/windows-10-turn-high-contrast-mode-on-or-off
※4. Cards - Inclusive Components ▶筆者のヘイドン氏による、カード型コンポーネントの実装方法の解説です。 https://inclusive-components.design/cards/

実装例

Boxレイアウトを実装するための完全なコード例を紹介します。これによって作成できるのは、「暗い背景に明るいテキスト」と（反転された）「明るい背景に暗いテキスト」のテーマを含む、基本的な2トーンカラーのボックスです。詳しくは、前述の「目に見えるボックス」を参照してください。

CSS

```
.box {
  /* ↓ paddingにモジュラースケールの最初の値を設定 */
  padding: var(--s1);
  /* ↓ --border-thin変数が指定されていることを想定 */
  border: var(--border-thin) solid;
  /* ↓ 常に透明のアウトラインを適用することでハイコントラストモードに備える
*/
  outline: var(--border-thin) transparent;
  outline-offset: calc(var(--border-thin) * -1);
  /* ↓ 明るい色と暗い色の変数 */
  --color-light: #fff;
  --color-dark: #000;
  color: var(--color-dark);
  background-color: var(--color-light);
}

.box * {
  /* ↓ 親要素から色を継承させて、次の宣言ブロックで反転されるようにする
*/
  color: inherit;
}

.box.invert {
```

```
  /* ↓ 色の変数が反転される */
  color: var(--color-light);
  background-color: var(--color-dark);
}
```

HTML

```
<div class="box">
  <-- boxのコンテンツ -->
</div>
```

コンポーネント(カスタム要素)

カスタム要素によるBoxの実装は、https://every-layout.dev/downloads/Box.zip からダウンロードして利用できます。

PropsのAPI

次のprops(属性)が変更された場合には、Boxコンポーネントが再描画されます。変更するには、手動でブラウザの開発者ツールを使用することも、アプリケーションの状態に基づいて変化させることもできます。

名前	データ型	デフォルト値	説明
padding	string	"var(--s1)"	CSSのpaddingの値
borderWidth	string	"var(--border-thin)"	CSSのborder-widthの値
invert	boolean	false	反転したテーマを適用するかどうか。グレースケールのデザインにのみ推奨されます

例

■基本のBox

Boxにはデフォルトでパディングとボーダーが設定されています。paddingの値にモジュラースケールの最初の値（var(--s1)）が設定されており、border-widthにはvar(--border-thin)変数が使用されています。

```
<box-l>
  <!-- boxのコンテンツ -->
</box-l>
```

■ Stack内のBox

Stackのコンテキストでは、先行する兄弟要素を持つBoxにmargin-topが適用されます。

```
<stack-l>
  <p>...</p>
  <blockquote>...</blockquote>
  <box-l>
    <!-- 垂直方向のマージンによって分離されているBox -->
  </box-l>
  <p>...</p>
  <div role="figure">...</div>
</stack-l>
```

■ ヘッダーが追加されたBox

「使い方」で紹介した、入れ子になったBoxの実装例です。ブーリアン属性のinvertを使用すると、filter: invert(100%)によって色が反転されます。

```
<box-l padding="0">
  <box-l borderWidth="0" invert>ヘッダー</box-l>
  <box-l borderWidth="0">本文</box-l>
</box-l>
```

2

02

Box

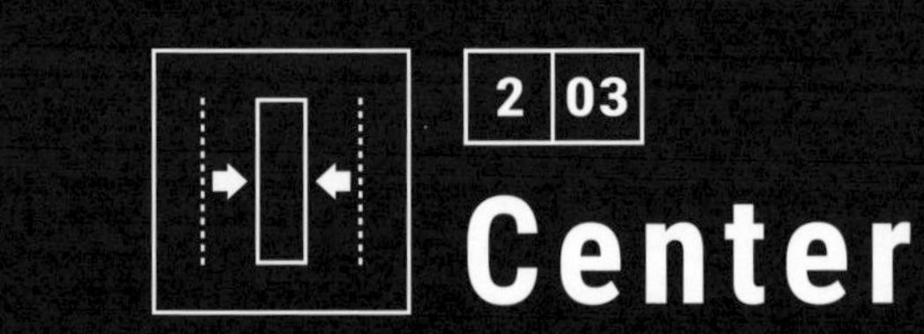

2 03 Center

問題

初期のHTMLには、いくつものプレゼンテーション要素が存在しました。コンテンツの外観に影響を与えることだけを目的に作られたものです。<center> ※1 はそうした要素のひとつでしたが、かなり以前に廃止されています。しかし不思議なことに、一部のブラウザでは今でもサポートされており、これにはGoogle Chromeも含まれます。おそらく、Google検索のホームページではいまだに<center>を使用してあの有名な検索フィールドを中央揃えにしているためでしょう✎。

> **✎監訳者注**
> **現在、Google検索のホームページではcenter要素は使用されていません。**

テックジャイアントがこの廃れた要素を気まぐれに使用していることはさておき、プレゼンテーション用のマークアップは2000年代にはほとんど使われなくなりました。スタイル設定の責務をCSSという別の技術に分離することで、スタイルと構造を別々に管理できるようになったからです。その結果、アートディレクションが変わるたびにマークアップを再構成する必要はなくなりました。

一方、後に明らかになったように、HTMLのスタイル設定は、純粋にセマンティクスとコンテキストだけに基づいて行うにはかなり無理がありました。次のような扱いにくいセレクタを書く羽目になってしまうのです。

```
body > div > div > a {
  /*
  body要素の内側でふたつの<div>の中にリンクが入れ子になった場合のスタイル
  */
}
```

※1. <center>: The Centered Text element - HTML: HyperText Markup Language | MDN ▶ https://developer.mozilla.org/en-US/docs/Web/HTML/Element/center

CSSを運用しやすくして、スタイルをモジュラー✎なものにするために、多くの人はクラスの使用という妥協策を取ることになりました。クラスはどの要素にでも使用できます。非セマンティックな<div>にも、スクリーンリーダーに認識される<nav>にも、同じトークンを使ったまったく同じ方法でスタイルを適用できます。アクセシビリティを損なうこともありません。

✎監訳者注
構成要素として独立していて、要素への取り付けや他との組み合わせが可能な状態のことです。

```
<div class="text-align:center"></div>

<nav class="text-align:center"></nav>
```

命名規則

前述の例では、いかにもそのものな命名規則を使っていることに気が付くでしょう。こうしたユーティリティクラスの命名方法については、「グローバルスタイルとローカルスタイル」の節の「カラム幅」の項で述べています。端的にいうと、**プロパティ名:値**という構造は覚えやすさを目的にしたものです。

<center>も、text-align: centerも、いずれもテキストを中央揃えにするためのものです。しかしほとんどのコンテンツにおいて、特に段落を含む場合には、中央揃えにすることはお勧めできません。非常に読みづらくなってしまうからです[※2]。

それよりも便利なのは、水平方向に中央揃えされたカラムを作成できるコンポーネントです。これがあれば、中央揃えになったコンテンツを任意のコンテナの中に「縦じま✎」のように配置しながら、コンテナ幅を制限することでカラム幅を適度に保てます。

✎監訳者注
複数のコンテンツが連続して垂直方向に、間隔を空けながら配置されている状態をそう呼んでいます。交互に濃淡が繰り返されるため、遠目に見るとしま模様に見えるためです

※2. Why You Should Never Center Align Paragraph Text▶段落のテキストを中央揃えにすべきでない理由についての解説です。
https://uxmovement.com/content/why-you-should-never-center-align-paragraph-text/

解決策

中央揃えになったカラムを作成する最も簡単な方法のひとつは、マージンにautoを使用することです。autoキーワードはその名の通り、マージンの計算をブラウザが行うように指示するものです。おそらく最も基本的な「アルゴリズム的」なCSSの手法のひとつでしょう。特定の値をハードコーディングするのではなく、レイアウトの決定をブラウザ側のロジックに任せます。

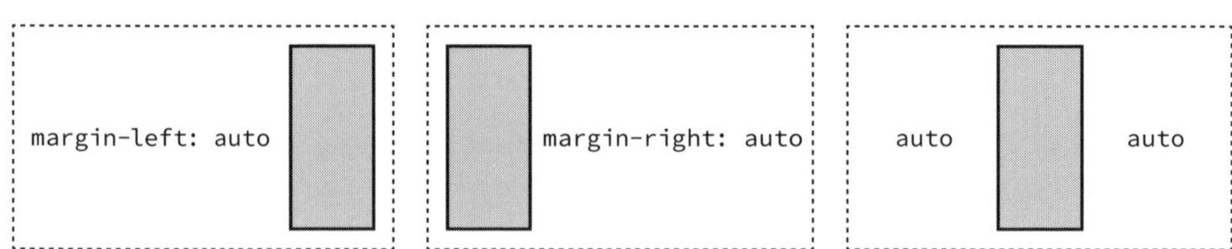

筆者は当初、カラムの中央揃えにmarginのショートハンドを使用していました(<body>要素を対象にすることがよくありました)。

```
.center {
  max-width: 60ch;
  margin: 0 auto;
}
```

しかしショートハンドプロパティは、数バイトの節約にはなるとはいえ、本来必要でない値も含めて宣言することになるという問題があります。重要なのは、目的とするレイアウトを実現するために必要なCSSの値のみを設定することです。デフォルト値や継承される値を意図せず取り消してしまうかもしれないからです。

たとえば、.center要素をStackコンテキスト内に配置するとしましょう。Stackによって子要素にmargin-topが設定されますが、.centerにmargin: 0 autoがあれば取り消されてしまいます。

```
* + * {
  margin-top: var(--s1);
}
```

✖ margin: 0 auto;

代わりに、明示的なmargin-leftとmargin-rightプロパティを使用するとよいでしょう。そうすることで、コンテキストに応じて適用された垂直方向のマージンは保持されたまま、.center要素は他のレイアウトコンポーネントとのコンポジションや入れ子に使用できるようになります。

```
.center {
  max-width: 60ch;
  margin-left: auto;
  margin-right: auto;
}
```

> **カラム幅**
>
> 前述のコード例のように、max-widthは基本的にch単位で設定すべきです。適切なカラム幅を基準に考えるためです。適切なカラム幅を設定する方法については「公理」の節を参照してください。

最低限のmargin

60chより狭いコンテキストにおいて、このままでは、コンテンツが親要素またはビューポートの両端に接触してしまいます。これを放置するわけにはいきません。対策として、最低限のスペースを両端に設けます。

コンテンツの中央揃えと60chの最大幅は維持されるようにします。autoは計算には含められないため（calc(auto + 1rem)のように）、マージンの代わりにパディングを使います。

ただし、ボックスモデルには注意が必要です。「ボックス」の節で述べたように、すべての要素にbox-sizing: border-boxを適用する場合、.center要素の合計幅である60chにパディングが含まれることになります。言い換えると、paddingを追加すると要素のコンテンツ幅が狭まってしまうのです。そこで、「公理」の節で述べたCSSの「例外」を活用します。border-boxをcontent-boxで上書きして、60chというコンテンツのサイズの外側にパディングが広がるようにしましょう。

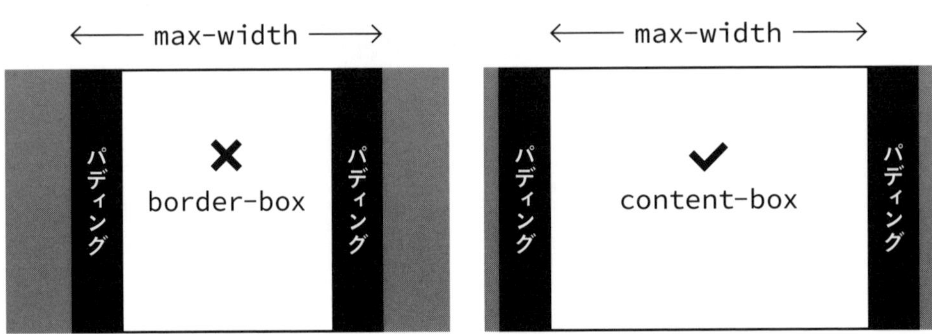

次の例では、60chのmax-widthは維持しつつ、両端には少なくともvar(--s1)（カスタムプロパティで定義されたモジュラースケールの最初の値）の「マージン」を確保します。

```
.center {
  box-sizing: content-box;
  max-width: 60ch;
  margin-left: auto;
```

```
  margin-right: auto;
  padding-left: var(--s1);
  padding-right: var(--s1);
}
```

内在的な中央揃え

マージンにautoを使用する手法はかなり以前から一般的なもので、かつ申し分なく機能します。加えてフレックスボックスを使用すると、その中のコンテンツ自身のサイズに基づいた「内在的」な中央揃えが実現できるようになります。つまり、要素自体に固有なコンテンツ幅に基づいた中央揃えです。次のコードをご覧ください。

```
.center {
  box-sizing: content-box;
  max-width: 60ch;
  margin-left: auto;
  margin-right: auto;
  display: flex;
  flex-direction: column;
  align-items: center;
}
```

.center要素の中では、コンテンツを垂直方向に列(column)として並べるためにflex-direction: columnを指定します。これによって、align-items: centerを設定した場合に、子要素はどのような幅であっても中央に配置されるようになります。

結果として、60chより幅の狭い要素はすべて、60ch幅の領域内で自動的に中央揃えになります。これはたとえば、もともと小さいボタンのような要素や、max-widthが60chより小さい値に設定されている要素などがそれに当たります。

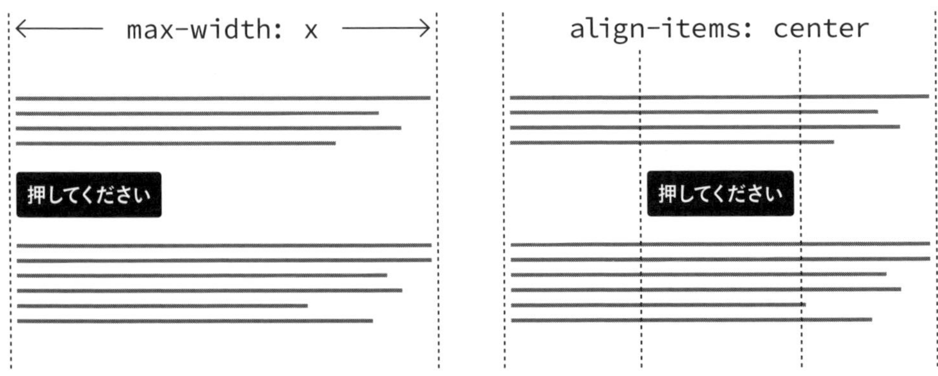

図中の段落（幅が設定されていないブロック要素）にもalign-items: centerは適用されますが、自ずと利用可能なスペース全体に広がります。

アクセシビリティ

注意が必要なのは、コンテンツを（書字方向が左から右の場合には）左端から離すとアクセシビリティの問題が生じる可能性があることです。ユーザーがインターフェイスを拡大したときに、中央揃えになったコンテンツはビューポートの外に移動してしまう場合があります。すると、ユーザーはコンテンツの存在に気が付かないかもしれません。

しかしインターフェイスに柔軟性があってレスポンシブであれば、あるいはコンテナに固定幅が設定されていなければ、中央揃えにされたコンテンツはほとんどの環境で問題なく表示されるはずです。

使い方

何か水平方向の中央揃えにしたいものがあるときはいつでも、Centerが役に立ちます。次の例は、Every Layoutサイト（https://every-layout.dev/）のレイアウトを簡単に再現したものです。Sidebarとその右側のCenterで構成されています。いずれもStackを使用することで、垂直方向に区分けされています。Stackの内側のCenterにはintrinsicのブーリアン値を適用して、「Launch demo」のボタンを中央揃えにしています。

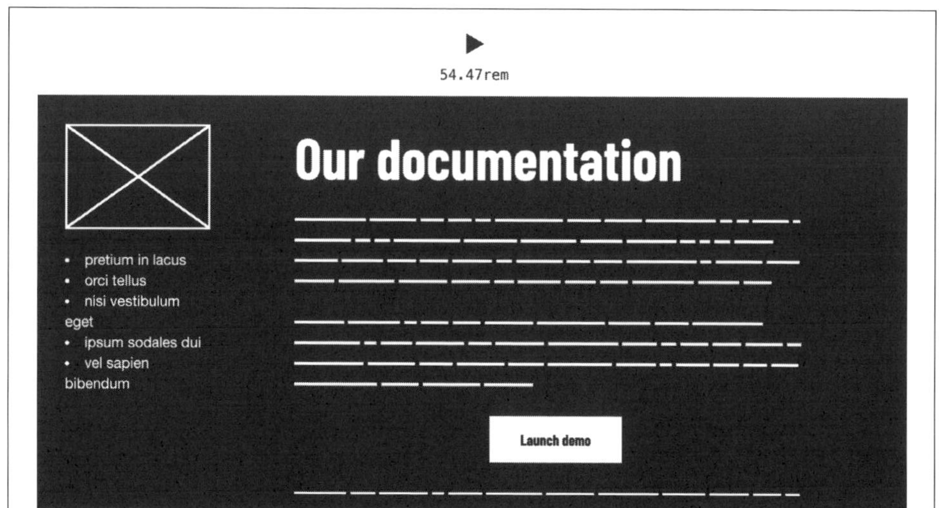

このインタラクティブなデモは、https://every-layout.dev/demos/center-documentationlayout/でご覧になれます。

実装例

Centerレイアウトを実装するための完全なコード例を紹介します(「内在的な中央揃え」のコードは省略しています)。

CSS

```
.center {
  /* ↓ パディングを幅の計算から除外 */
  box-sizing: content-box;
  /* ↓ 最大幅は最大カラム幅に */
  max-width: 60ch;
  /* ↓ 水平方向のマージンのみに作用 */
  margin-left: auto;
  margin-right: auto;
  /* ↓ 水平方向に最小限のスペースを適用 */
  padding-left: var(--s1);
  padding-right: var(--s1);
```

```
}
```

HTML

```
<div class="center">
  <!-- 中央揃えにされるコンテンツ -->
</div>
```

コンポーネント(カスタム要素)

カスタム要素によるCenterの実装は、https://every-layout.dev/downloads/Center.zipからダウンロードして利用できます。

PropsのAPI

次のprops(属性)が変更された場合には、Centerコンポーネントが再描画されます。変更するには、手動でブラウザの開発者ツールを使用することも、アプリケーションの状態に基づいて変化させることもできます。

名前	データ型	デフォルト値	説明
max	string	"var(--measure)"	CSSのmax-widthの値
andText	boolean	false	テキストも中央揃えにするか(text-align: center)
gutters	boolean	0	コンテンツの両端の最小限のスペース
intrinsic	boolean	false	子要素をそのコンテンツ幅に基づいて中央揃えにさせるか

例

■基本

シングルカラムのWebページなら、Boxの中にCenterを入れ子にして、そのCenterに

Stackを入れ子にするだけで作成できます。Boxにはデフォルトでパディングが設けられているため、Centerに`gutters` propの指定は不要です。

```
<box-l>
  <center-l>
    <stack-l>
      <!-- 自由にフローコンテンツ（見出しや段落など）を配置 -->
    </stack-l>
  <center-l>
</box-l>
```

■ドキュメントレイアウト

「使い方」にある例のマークアップです。この例では、スクリーンリーダのためにWAI-ARIAのランドマークロールが追加されています。注目すべきは、Centerがただの`<div>`コンテナに囲われている点です。Sidebarレイアウトに属するスタイルはこの`<div>`が担うため、代わりにその内側では、Centerに固有のスタイルが自由に適用できるようになります。この`<div>`が占めるスペースの大きさが、利用可能な水平方向のスペースの66.666%を下回ると、Sidebarが折り返されて垂直方向の配置に変わります。詳しくは「Sidebar」の節を参照してください。

```
<sidebar-l contentMin="66.666%" sideWidth="10rem">
  <stack-l role="navigation">
    <!-- ナビゲーション項目 -->
  </stack-l>
  <div>
    <center-l role="main">
      <!-- ページのメインコンテンツ -->
    </center-l>
  </div>
</sidebar-l>
```

■ 垂直方向および水平方向の中央揃え

Coverコンポーネントとのコンポジションを用いれば、水平方向かつ垂直方向に要素を中央揃えすることが簡単に行えます。ここではintrinsicのブーリアン値を使用することで、段落がコンテンツの幅にかかわらず中央揃えになるようにしています。

```
<cover-l centered="center-l">
  <center-l intrinsic>
    <p>ここが絶対的な中央になります。</p>
  </center-l>
</cover-l>
```

2 04 Cluster

問題

コンテンツをレイアウトするために、グリッドの考え方が適していることがあります。行と列の境界線である縦横の線に沿って、コンテンツを厳密に位置合わせしたいようなときです。

しかし、このあらかじめ規定される枠組みで常にうまくいくとは限りません。テキストの場合、単語ごとの形や長さがそれぞれ異なるため、テキスト自体はグリッドの枠組みにフィットしません。ブラウザのテキスト折り返しアルゴリズムによって、利用可能なスペースがなるべく埋まるようにテキストが配分されます。テキストの各行は必然的にバラバラの長さになるため、左揃えになっていると右端はデコボコになります。

行間（line-height）と単語間のスペース文字（スペースキーで入力されるU+0020の文字）のおかげで、単語は形にばらつきがあっても適度に均等に配置されます。同様に、サイズや形がそれぞれ不確定な要素が集まったグループを処理するときに、こうした行内の単語のように流動的に展開したいことがあります。

これを実現する方法のひとつとしては、要素のdisplayの値をinline-blockに設定することです。要素のサイズは変わらずコンテンツのサイズに応じて決まりますが、paddingとmarginはある程度制御できるようになります。

しかし単語と同じく、inline-blockの要素は（もしソース内に存在すれば）スペース文字で引き離されます。このスペース文字の幅が要素自体のmarginに足し合わされることになります。削除するには、まず親要素にfont-size: 0を設定したうえで、子要素に値を設定し直さなければいけません。

監訳者注

次のコードのように、`display: inline-block`が設定されている要素間にスペース文字や改行が含まれていると、実際のデザインには1文字分のスペースが表示されてしまいます。

```
<ul>
  <li style="display: inline-block;">HTML</li>
  <li style="display: inline-block;">CSS</li>
  <li style="display: inline-block;">JavaScript</li>
</ul>
```

```
.parent {
  font-size: 0;
}

.parent > * {
  font-size: 1rem;
}
```

この方法の欠点は、子要素での`1em`は`0`になるため、実質的に`em`が使用できなくなってしまうことです。代わりに`rem`単位を使用して、`:root`要素に相対する`font-size`を設定する必要があります。こうしてフォントサイズをリセットしなければならないのはやや面倒です。

スペースを削除できても、折り返しに関するマージンの問題が残ります。ふたつ目以降の要素にマージンを適用する場合、折り返されなければ見た目の問題はありません。しかし折り返されると、行揃えの方向に意図しないスペースができるうえ、要素が垂直方向にぴたりとくっついてしまいます。

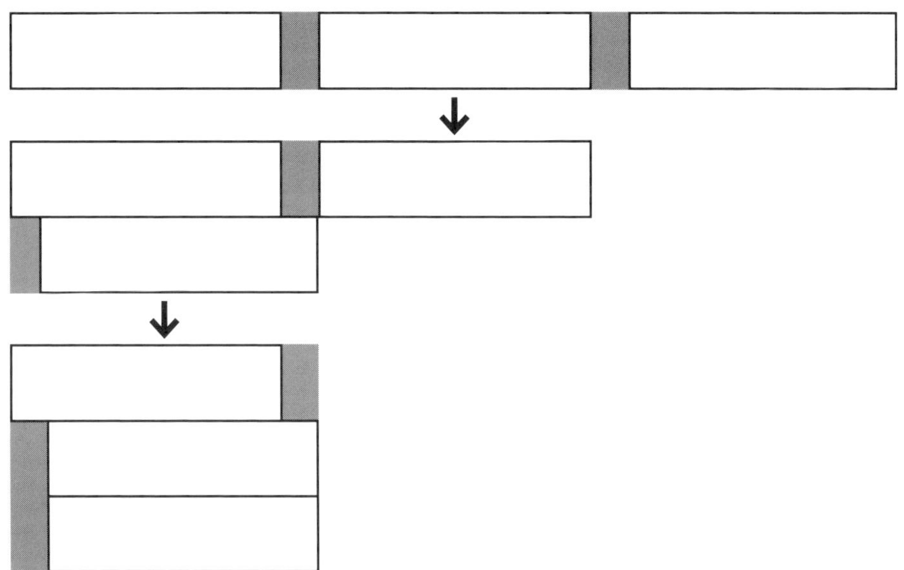

差し当たりの修正として、各要素の右と下にマージンを設定することはできます。

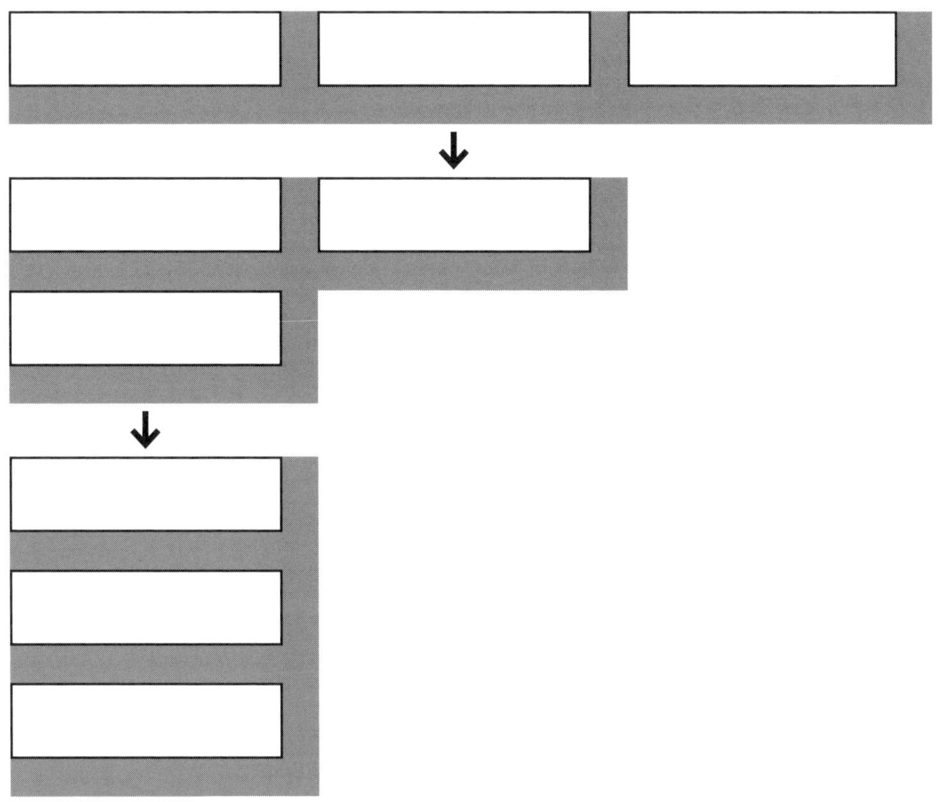

しかし、これで問題を解決できるのは左揃えの場合のみです。さらに、この余分なマージンが親要素のパディングと接すると、スペースの大きさが二重になってしまいます。

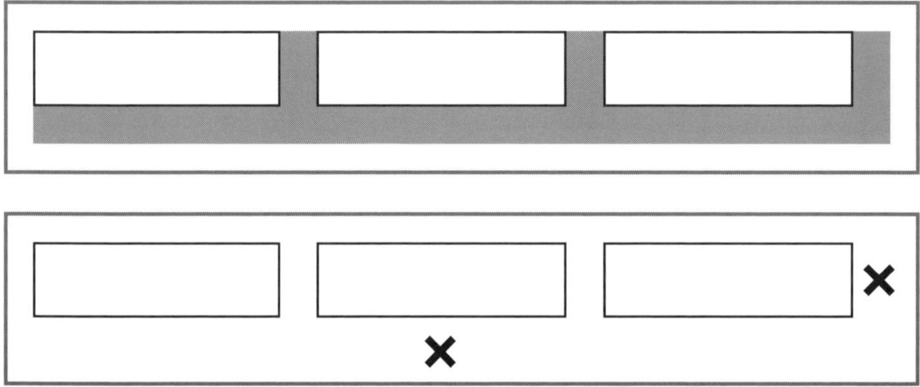

解決策

効果的で管理しやすいデザインシステムを作成するためには、堅牢かつ「汎用的」な解決策を考え出さなくてはなりません。

そのためにはまず、親要素をフレックスボックスにします。これによって要素を密集させる（クラスターにする）ことができて、スペース文字を処理する必要もなくなります。また、フロートを使用する場合と比べてもいくつか利点があります。ひとつはクリアフィックス[※1]を設定する必要がないことで、もうひとつは垂直方向の整列（align-itemsの使用）が可能になることです。

```
.cluster {
  display: flex;
  flex-wrap: wrap;
}
```

※1. **Clearfix - Bootstrap** ▶floatプロパティによって浮動化されたボックスに、続くボックスが回り込む状態を解除するための手法の紹介です。https://getbootstrap.com/docs/4.3/utilities/clearfix

マージンの追加と隠蔽

折り返しの挙動に配慮しつつ、かつ整列の設定にかかわらずマージンを追加するには、すべての辺に「対称的」に設定するしかありません。しかし、この方法では、要素が隣接するすべての辺から離れてしまいます。

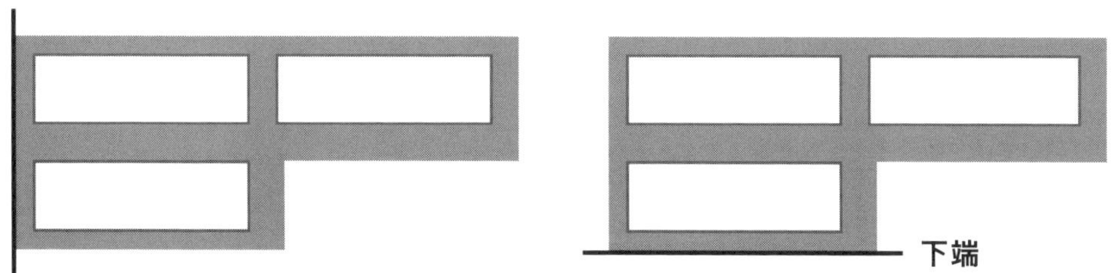

子要素の縁と親要素の縁との間のスペースは、子要素間のスペースの半分になります（子要素のマージン同士が合わさってひとつのスペースになるため）。これを解決するには、次のように親要素に負のマージンを適用して、子要素を親要素の縁に引き寄せます。

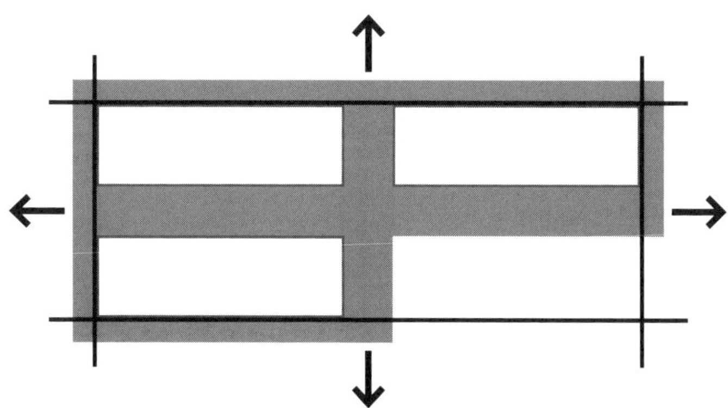

カスタムプロパティを利用すれば、Clusterコンポーネントの中のスペースを簡単に指定できるようになります。`--space`変数には要素間にできるスペースを定義し、この値を`calc()`を用いて適宜計算します。さらにラッパー要素によって、隣接するコンテンツが負のマージンの影響を受けないようにしています。それによって、Stackコンポーネントの中に入れ子になる場合でも、垂直方向の余白は問題なく適用できるようになります。

```
.cluster {
  --space: 1rem;
}

.cluster > * {
  display: flex;
  flex-wrap: wrap;
  /* ↓「半分の値」を打ち消すために-1倍する */
  margin: calc(var(--space) / 2 * -1);
}

.cluster > * > * {
  /* ↓ 2倍にされることを前提とした「半分の値」 */
  margin: calc(var(--space) / 2);
}
```

gapプロパティ

前述の手法は少し扱いにくいように思われるはずです。場合によっては、水平方向のスクロールバーを表示させてしまうこともあります。しかし幸いなことに、2021年半ばの時点で、すべての主要ブラウザにフレックスボックスのgapプロパティ ※2 がサポートされています🖊。

> 🖊監訳者注
> **Internet Explorerは含まれていません。**

gapプロパティは子要素間にスペースを挿入するものです。これによって、ネガティブマージンや追加のラッパー要素、calc()は不要となり、gapの値を指定するだけでよくなりました。

```
.cluster {
  display: flex;
  flex-wrap: wrap;
```

※2. gap property for Flexbox | Can I use... Support tables for HTML5, CSS3, etc ▶https://caniuse.com/flexbox-gap

```
  gap: var(--space, 1rem);
}
```

フォールバック値

gapの値をどのように定義および宣言しているかご覧ください。var()関数の第2引数は、変数が未定義の場合のフォールバック値になっています※3。

グレースフルデグラデーション

gapのサポート状況は十分なものですが、一部の非対応ブラウザではレイアウトに注意が必要です。厄介なのは、グリッドレイアウトモジュール（「Grid」の節を参照）ではgapがサポートされていたとしても、フレックスボックスではサポートされていない場合があることです。そのため、@supportsブロックにgapを使用すると誤検知となる可能性があります。

グリッドレイアウトモジュールでのみgapがサポートされているブラウザでは、次のようにすると、マージンもgapも適用されなくなってしまいます。

監訳者注

最新のブラウザでは動作する機能を基準としつつ、古いブラウザでも動作可能なように、フォールバックとして代替の実装を提供する考え方です。

グリッドレイアウトモジュールでのみgapがサポートされているブラウザでは、次のようにすると、マージンもgapも適用されなくなってしまいます。

```
/* これらのコードは正しく機能しない */
.cluster > * {
  display: flex;
  flex-wrap: wrap;
  margin: 1rem;
}
```

※3. Getting started with CSS Custom Properties - Piccalilli ▶ https://piccalil.li/tutorial/getting-started-with-css-custom-properties/

```
@supports (gap: 1rem) {
  .cluster > * {
    margin: 0;
  }

  .cluster {
    gap: var(--space, 1rem);
  }
}
```

本書の執筆時点では、フィーチャーディテクション✎は用いずにgapを使用することをおすすめします。古いブラウザではレイアウトが崩れてしまうことは許容しましょう。必要に応じて、前述のネガティブマージンの手法を採用することもできます。

> **✎監訳者注**
> **ブラウザがある機能をサポートしているかどうかを基準として、開発における対応方法を分岐する手法です。**

位置揃え

要素のグループ、つまりクラスターでは、justify-contentにどの値を設定してもかまいません。ギャップ（スペース）は、折り返されても保持されます。たとえばClusterを右揃えにする場合、justify-content: flex-endを使用します。

次のデモでは、Clusterの中にリンク付きのキーワードのリストが含まれています。ClusterはBoxの中に配置されており、BoxにはClusterの中のスペースと同じだけのpaddingの値が設定されています。

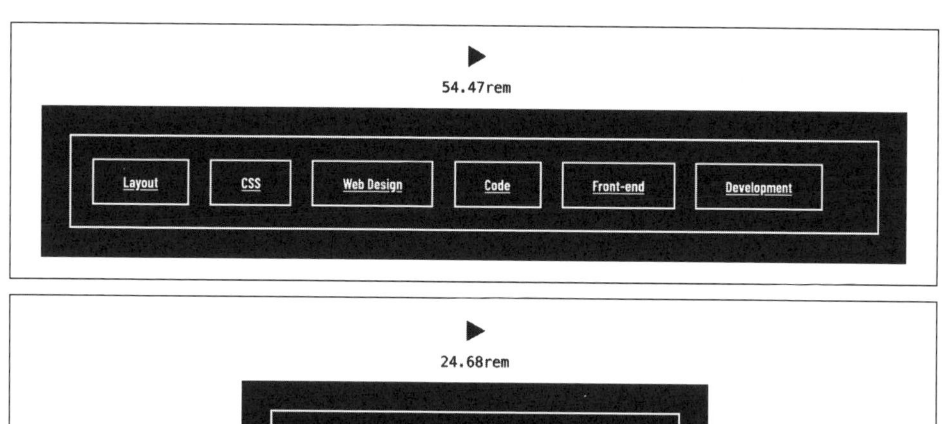

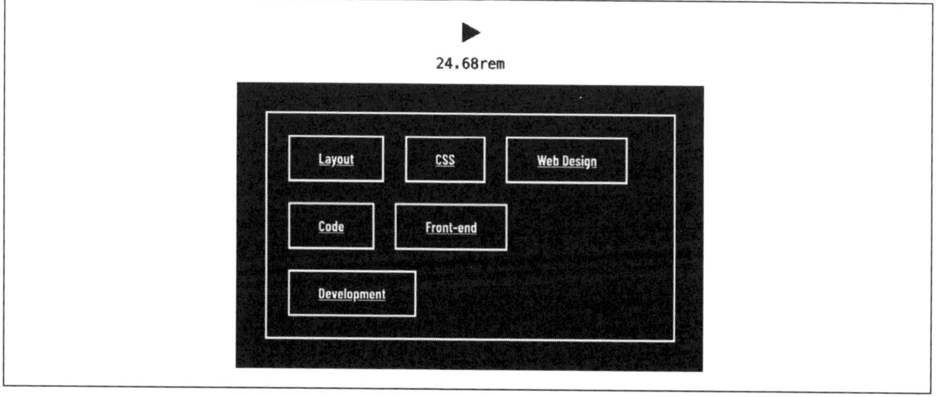

このインタラクティブなデモは、https://every-layout.dev/demos/cluster-ctas/でご覧になれます。

使い方

Clusterコンポーネントは、長さが異なり、折り返しが発生しやすい要素のグループに適しています。たとえば、フォームの末尾にまとめて表示されるボタンの組み合わせや、タグやキーワード、その他のメタ情報のリストなどに最適です。Clusterを使用することで、水平にレイアウトされた要素のグループを左右または中央に整列できます。

`justify-content: space-between`と`align-items: center`を適用すれば、ページヘッダーのロゴとナビゲーションをレイアウトすることもできます。折り返しは自然に行われるので、メディアクエリのブレイクポイントも必要ありません。

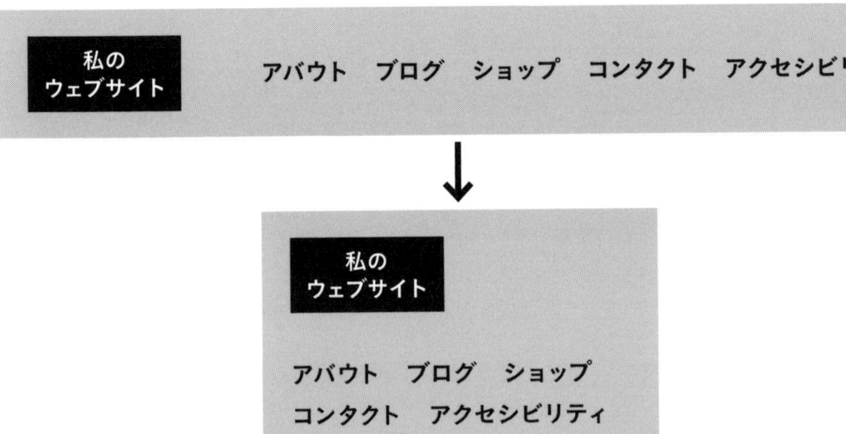

ナビゲーションのリストは、コンテンツを折り返さずに表示できるスペース（コンテンツの最大幅）より狭まった時点でロゴの下に折り返されます。このようにして、ナビゲーションのリンクがロゴの横と下との両方に表示されることを防いでいます。

次のデモは、そのヘッダーレイアウトです。Clusterが入れ子になった構造になっています。外側のClusterには`justify-content: space-between`と`align-items: center`を使用しています。ナビゲーションのリンクのClusterには`justify-content: flex-start`を使用することで、折り返された場合には項目が左揃えになるようにしています。

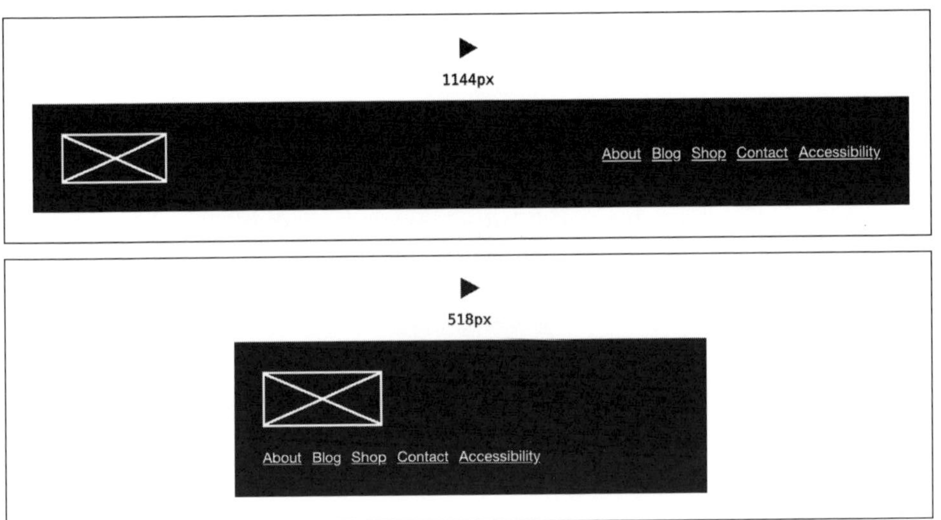

このインタラクティブなデモは、https://every-layout.dev/demos/cluster-header/でご覧になれます。

実装例

Clusterレイアウトを実装するための完全なコード例を紹介します。

CSS

```
.cluster {
  /* ↓ フレックスボックスコンテキストを設定 */
  display: flex;
  /* ↓ 折り返しを有効化 */
  flex-wrap: wrap;
  /* ↓ スペースあるいはギャップを設定 */
  gap: var(--space, 1rem);
  /* ↓ 主軸の位置揃え（justification）を指定 */
  justify-content: center;
  /* ↓ 交差軸の位置揃え（alignment）を指定 */
  align-items: center;
}
```

HTML

```
<ul class="cluster">
  <li><!-- 子要素 --></li>
  <li><!-- 子要素 --></li>
  <li><!-- 子要素 --></li>
</ul>
```

コンポーネント（カスタム要素）

カスタム要素によるClusterの実装は、https://every-layout.dev/downloads/Cluster.zipからダウンロードして利用できます。

PropsのAPI

次のprops（属性）が変更された場合には、Clusterコンポーネントが再描画されます。変更するには、手動でブラウザの開発者ツールを使用することも、アプリケーションの状態に基づいて変化させることもできます。

名前	データ型	デフォルト値	説明
justify	`string`	`"flex-start"`	CSSの`justify-content`の値
align	`string`	`"flex-start"`	CSSの`align-items`の値
space	`string`	`"var(--s1)"`	CSSのgapの値。グループ化された子要素間にできる最小のスペースの値

例

■基本

デフォルトの設定で使用します。

```
<cluster-l>
  <!-- ここに子要素を配置 -->
  <!-- さらに別の子要素が続く -->
  <!-- 子要素 -->
  <!-- 子要素 -->
  <!-- 子要素 -->
  <!-- 子要素 -->
</cluster-l>
```

■リスト

Clusterは通常似たような要素のグループになるため、リストとしてマークアップするとよいでしょう。リスト要素は、スクリーンリーダーに対して情報を非視覚的に提供します。スクリーンリーダーのユーザーにとって、それがリストであるということと、そこにいくつの項目があるかを認識できることが重要です。

カスタム要素である<cluster-l>は<ul>ではないので(かつ<li>要素は親要素として<ul>がないと存在できないため)、代わりにARIAを使って、role="list"とrole="listitem"というリストのセマンティクスを提供します。

```
<cluster-l role="list">
  <div role="listitem"><!-- 1つ目のリスト項目のコンテンツ -->
</div>
  <div role="listitem"><!-- 2つ目のリスト項目のコンテンツ -->
</div>
  <div role="listitem"><!-- 3つ目のリスト項目のコンテンツ -->
</div>
  <div role="listitem"><!-- 4つ目のリスト項目のコンテンツ -->
</div>
</cluster-l>
```

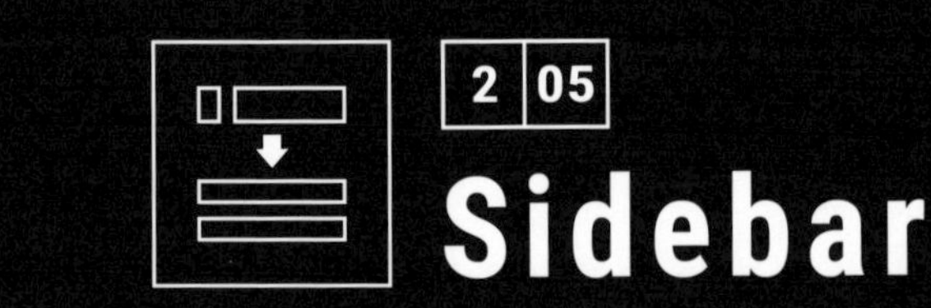

2 05

Sidebar

問題

ビジュアルデザインにおいて、閲覧環境のサイズや設定が予測できないとき、「何かを何かの隣に並べる」という単純なことでさえも悩ましくなります。コンテンツに十分な水平方向のスペースがあるでしょうか？　そうだとして、垂直方向のスペースも十分に活用したレイアウトになっているでしょうか？

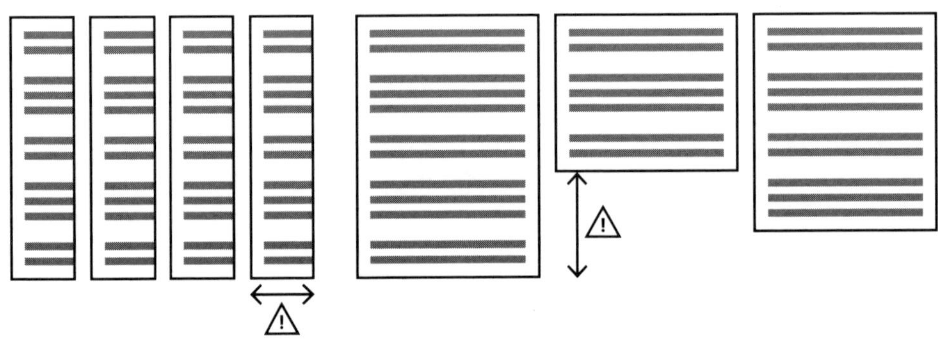

隣り合うふたつのアイテムのための十分なスペースがない場合は、ブレイクポイント（幅基準のメディアクエリ）を使ってレイアウトを再構成し、アイテムを上下に配置することがよくあります。

しかしここで重要なのは、端末に依存するメディアクエリではなく、コンテンツを基準に考えることです。つまり、720pxや1024pxのような（特定の端末に合わせた）慣習的な幅にはこだわらずに、コンテンツ自身にとって必要なときに再構成するようにします。多様な端末が普及しているため、デザインの基準となる標準的なサイズのセットというものは存在しないのです。

ただし、コンテンツを基準に考えるという戦略にも技術的な問題があります。それは、メディアクエリは「ビューポート」の幅に対応するものであって、コンテンツにとっての実際の利用可能なスペースには関係しないことです。コンポーネントが配置されるのは、

300pxの幅のコンテナの中かもしれませんし、より大きい500pxの幅のコンテナの中かもしれません。しかしいずれの場合も、ビューポートの幅が同じであれば、再構成するための手がかりが無いのです。

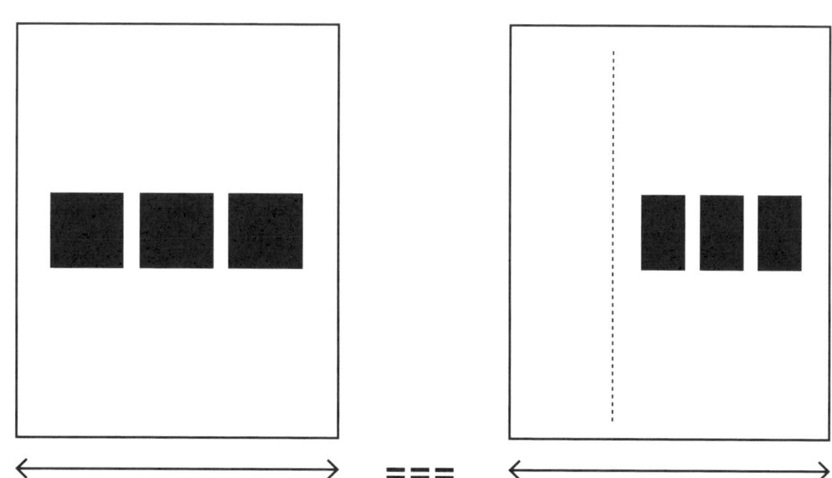

これは非常に問題です。デザインシステムは、多様なコンテキストやスペースの大きさに対応可能なコンポーネントをカタログ化するものだからです。もし、コンポーネントのレイアウトを完全にコンテキストに基づいたものにするなら、現在、議論されているコンテナクエリ※1に望みをかけるしかないでしょう。

しかし、すでにCSSフレックスボックスモジュールとflex-basisによって、コンテキストに応じた制御がだいぶできるようになっています。次のコードをご覧ください。

```
.parent {
  display: flex;
  flex-wrap: wrap;
}

.parent > * {
  flex-grow: 1;
  flex-shrink: 1;
  flex-basis: 30ch;
}
```

※1. **Container Query Discussion | CSS-Tricks**▶CSS GridやFlexboxの活用によりコンテナクエリのユースケースのいくつかは代替できるという意見や、依然としてコンテナクエリが渇望されている理由を紹介しています。 https://css-tricks.com/container-query-discussion/

flex-basisの値には基本的に、対象となる子要素の「理想的」な幅を指定します。子要素の伸張（grow）や収縮（shrink）、折り返し（wrap）を有効にすると、利用可能なスペースの中で、各要素の幅ができるだけ30chに近づくように調整されます。コンテナの幅が90ch以上であれば、1行に3つ以上の子要素が配置されます。幅が60chから90chの間であれば、配置されるアイテムは1行にふたつだけになり、また、このとき合計のアイテム数が奇数なら、最後の行をひとつのアイテムが占有することになります。

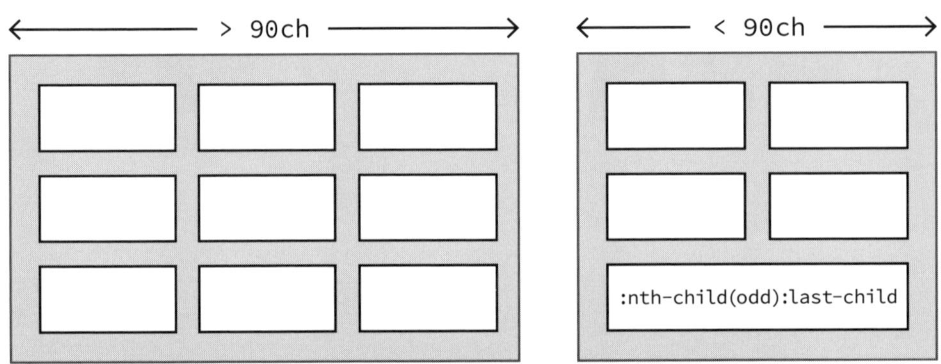

ふたつの擬似セレクタを組み合わせることで、要素順が奇数かつ末尾のアイテムを表現できます。
:nth-child(odd):last-childのようになります

デザインするうえで要素のサイズはあくまで「理想的」なものと考え、ある程度の増減を許容できれば、メディアクエリのブレイクポイントは不要になります。コンポーネントが自身のレイアウトを内在的に処理するため、制作者がそれに介入する必要がないのです。本書のレイアウトコンポーネントの多くでは、この基本的な仕組みをうまく使用して、より正確に配置や折り返しの制御ができるようにします。

たとえば、典型的なサイドバーレイアウトを作成するとしましょう。隣接するふたつの要素があり、うちひとつは幅が固定されており、もうひとつの主要素は残りの利用可能なスペースを占有するようにします。これを、メディアクエリのブレイクポイント無しでレスポンシブになるようにします。また、コンテナ基準のブレイクポイントを設定し、ふたつの要素を折り返して縦に配置できるようにする必要もあります。

解決策

Sidebarレイアウトという名前は、隣接するふたつの要素のうち狭い方である「サイドバー」に由来します。これは「クォンタム（量子）レイアウト」です。次の図のように、水平方向と垂直方向のふたつの配置が「重ね合わせ✎」の状態で存在します。作成した時点では、どちらの配置が採用されるかはわかりません。親コンテナの中に配置されたときのスペースの大きさによって決まります。

✎監訳者注
あるものが、複数の状態のうちどちらかに確定しているのではなく、どちらでもあり得るという未確定な状態のことを、量子力学においては「重ね合わせ」と呼びます。

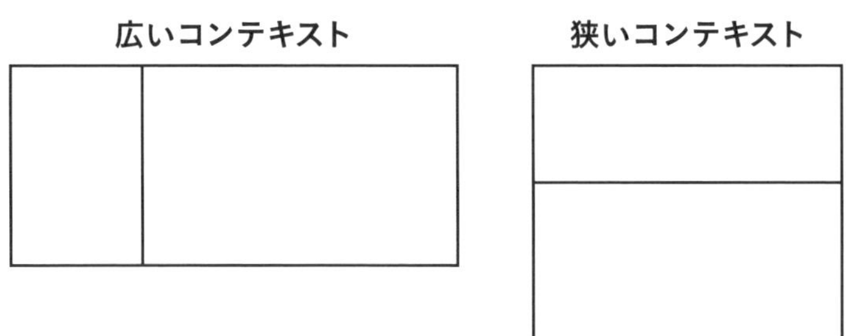

十分なスペースがあるときは、ふたつの要素は横に並んで表示されます。重要なのは、このときサイドバーの幅が固定され、残りの利用可能なスペースすべてをメインの要素（サイドバーでないほう）が占有することです。垂直方向に折り返されると、それぞれの要素の幅が共通のコンテナの100%を占めるようになります。

同一の高さ

水平方向の配置のSidebarでは、含まれるコンテンツにかかわらず、隣接するふたつの要素の高さが同じになります。これは、align-itemsのデフォルト値がstretchであるおかげであり、ほとんどの場合で理想的なものです（これはフレックスボックスの登場前には実現が非常に困難でした）。align-items: flex-startを指定すれば、この挙動を無効化することもできます。

align-items: stretch

align-items: flex-start

特定の幅で強制的に折り返す方法については、後ほど説明します。その前にまず、水平方向のレイアウトを設定します。

```
.with-sidebar {
  display: flex;
  flex-wrap: wrap;
}

.sidebar {
  flex-basis: 20rem;
  flex-grow: 1;
}

.not-sidebar {
  flex-basis: 0;
  flex-grow: 999;
}
```

ここで重要なのは、利用可能なスペースの処理方法です。.not-sidebar要素のflex-growの値は非常に大きいため（999）、利用可能なスペースのすべてを占有します。ただし、.sidebar要素のflex-basisの値はこの利用可能なスペースに含まれず、合計からflex-basisの値を差し引くことになります。よくあるサイドバーのようなレイアウトになるのはこのためです。サイドバーではないほうの要素によって、サイドバーは理想的な幅まで押しつぶされます。

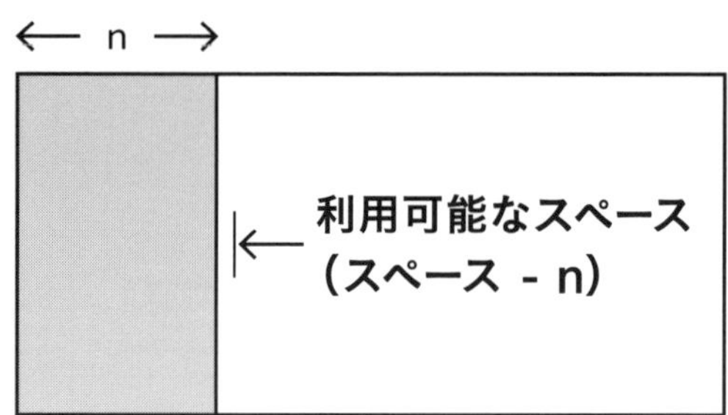

しかし、実は.sidebar要素も伸張できるようになっており、.not-sidebarが下

に折り返された場合に機能します。この折り返しが発生するしきい値を制御するには、min-widthを使用します。

```
.not-sidebar {
  flex-basis: 0;
  flex-grow: 999;
  min-width: 50%;
}
```

.not-sidebarがコンテナの幅の50%未満になると、強制的に新しい行へ折り返され、行のスペースすべてを占有するように伸張します。値は何でもかまいませんが、ふたつの要素のうちの狭いほうでなくなるともはやサイドバーとは言えないため、50%が適切でしょう。

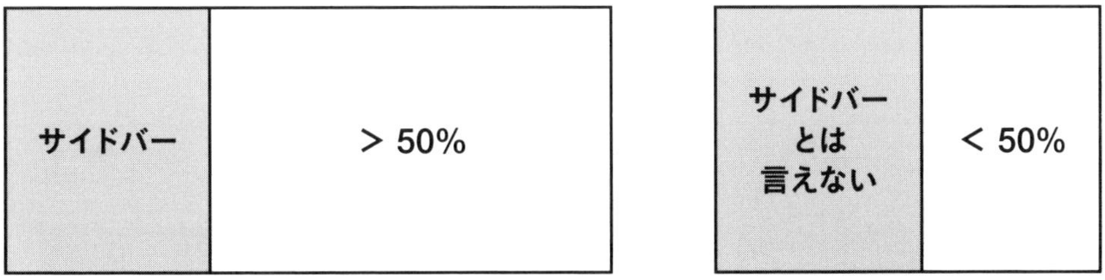

（折り返しが必要）

ガター

ここまでは、ふたつの要素間には隙間がないものとして扱ってきました。次は、これらの間にガター（スペース）を設定します。どちらの配置のレイアウトであっても要素間にはスペースが空くようにして、かつ外周には余計なマージンが追加されないようにするために、Clusterレイアウトと同様にgapプロパティを使用します。
ガターを1remにする場合、CSSは次のようになります。

```
.with-sidebar {
  display: flex;
  flex-wrap: wrap;
  gap: 1rem;
```

```
}

.sidebar {
  /* ↓ サイドバーがサイドバーたりうる幅 */
  flex-basis: 20rem;
  flex-grow: 1;
}

.not-sidebar {
  /* ↓ 0から伸長する */
  flex-basis: 0;
  flex-grow: 999;
  /* ↓ 要素の幅が等しくなった場合に折り返す */
  min-width: 50%;
}
```

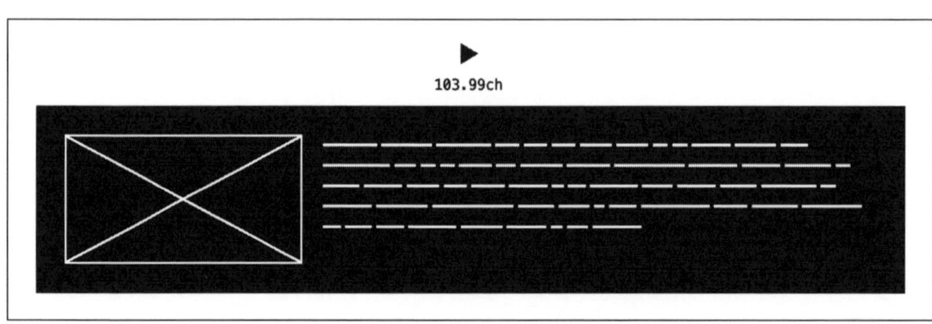

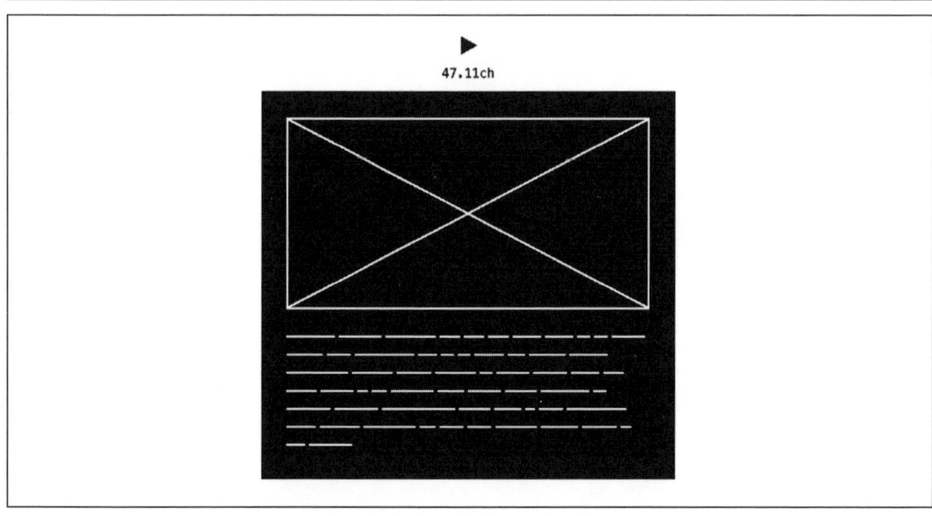

このインタラクティブなデモは、https://every-layout.dev/demos/sidebar-media-object/でご覧になれます。

内在的なサイドバーの幅

ここまでは、サイドバー要素の幅を規定していました(直前の例ではflex-basis: 20rem)。その代わりに、サイドバーの「コンテンツ」によって幅が決まるようにしたい場合もあるでしょう。flex-basisの値に何も指定しなければ、サイドバーの幅はコンテンツの幅と等しくなります。折り返しの挙動は変わりません。

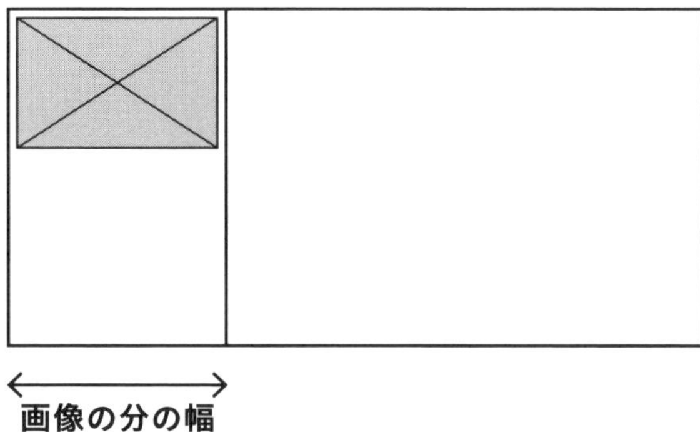

サイドバーの中の画像の幅を15remに設定すると、水平方向の配置では、これがサイドバーの幅になります。垂直方向の配置では幅が100%まで伸張されます。

内在的Webデザイン

「内在的なWebデザイン(Intrinsic Web Design)※2」はジェン・シモンズ(Jen Simmons)による造語で、CSSが持つ機能や仕組みのWebメディアへの最適化に伴う、昨今の、新しいWebデザイン手法の到来を指し示しています。本書で紹介した「アルゴリズム的」な自己制御型のレイアウトも、内在的なデザイン手法といえるかもしれません。

「内在的(intrinsic)」という言葉は、レイアウトパターンが自らについて計算するという内省的な処理を示しています。この節では、「内在的」という言葉を特に、要素の幅が必然的に自身のコンテンツによって決定されることを表すのに用いて

※2. Everything You Know About Web Design Just Changed ▶ https://noti.st/jensimmons/h0XWcf

きました。あるボタンの幅は、明示的に設定されない限り、その中にあるものの幅になります。

「CSS Box Sizing Module」は、以前は「Intrinsic & Extrinsic Sizing Module」と呼ばれていました。内在的にも、外在的にも、要素のサイズがどのように決まるのかを定めているものだからです。制作者としては、基本的には内在的なサイズ設定を優先して使用すべきです。「公理」の節で述べたように、要素のサイズはコンテンツに応じてブラウザが決定できるようにします。レイアウトを規定する代わりに、「意図の提示」を行うべきでしょう。私たちは「部外者」なのです。

使い方

Sidebarは、あらゆる種類のコンテンツに適用できます。おなじみの「メディアオブジェクト🖉」(画像などのメディアの隣に説明文を並べるレイアウトの名称)を中心として、ボタンと入力フィールドを整列させるためにも使用できます(ボタンがサイドバーとなり、コンテンツ基準の内在的な幅になります)。

🖉監訳者注

OOCSSの考案者であるニコル・サリヴァン(Nicole Sullivan)によって命名された、CSSのレイアウトパターンです。

The media object saves hundreds of lines of code | Stubbornella ▶ http://www.stubbornella.org/content/2010/06/25/the-media-object-saves-hundreds-of-lines-of-code/

次の例では、カスタム要素として定義されたバージョンのコンポーネントを使用しています。

```
<form>
  <sidebar-l side="right" space="0" contentMin="66.666%">
    <input type="text">
    <button>Search</button>
  </sidebar-l>
```

```
</form>
```

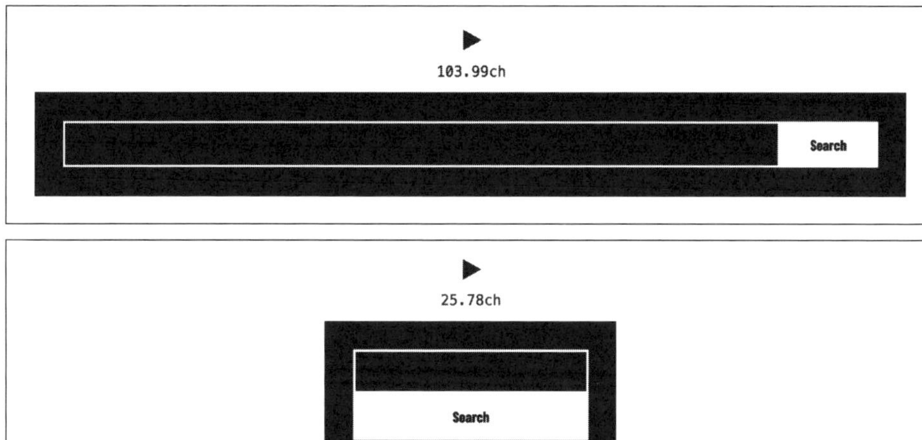

このインタラクティブなデモは、https://every-layout.dev/demos/sidebar-input-with-button/でご覧になれます。

実装例

Sidebarレイアウトを実装するための完全なコード例を紹介します。この例では、:last-childを「サイドバーではないほう」としています。

CSS

```
.with-sidebar {
  display: flex;
  flex-wrap: wrap;
  /* ↓ デフォルト値はモジュラースケールの最初の値 */
  gap: var(--gutter, var(--s1));
}

.with-sidebar > :first-child {
  /* ↓ サイドバーがサイドバーたりうる幅 */
```

```
  flex-basis: 20rem;
  flex-grow: 1;
}

.with-sidebar > :last-child {
  /* ↓ 0から伸長する */
  flex-basis: 0;
  flex-grow: 999;
  /* ↓ 要素の幅が等しくなった場合に折り返す */
  min-width: 50%;
}
```

HTML

必ずしも<div>を使用する必要はありません。状況に応じてセマンティックな要素を利用してください。

```
<div class="with-sidebar">
  <div>サイドバー</div>
  <div>サイドバーではないコンテンツ</div>
</div>
```

コンポーネント（カスタム要素）

カスタム要素によるSidebarの実装は、https://every-layout.dev/downloads/Sidebar.zip からダウンロードして利用できます。

PropsのAPI

次のprops（属性）が変更された場合には、Clusterコンポーネントが再描画されます。変更するには、手動でブラウザの開発者ツールを使用することも、アプリケーションの状態に基づいて変化させることもできます。

名前	データ型	デフォルト値	説明
side	string	"left"	左右どちらの要素をサイドバーとして処理するか（left以外の値が指定されればすべてrightとみなされる）
sideWidth	string		垂直方向の配置におけるサイドバーの幅。設定しなければ、デフォルトとしてサイドバーのコンテンツ幅になる
contentMin	string	"50%"	CSSのパーセンテージの値。水平方向の配置の場合のコンテンツの最小幅
space	string	"var(--s1)"	ふたつの要素間のスペースを表すCSSのmarginの値
noStretch	boolean	false	垂直方向の配置において、要素を本来の（コンテンツに応じた）高さになるようにするか

例

■ メディアオブジェクト

使用するのは、デフォルト値である50%の「ブレイクポイント」と、モジュラースケールのカスタムプロパティから参照した少し大きいspaceです。垂直方向の配置では、サイドバーの幅は15remにします。

フレックスの子要素となる画像が歪まないようにするために、noStretchを指定する必要があります。しかし、画像を<div>の内側に配置すれば（つまり<div>をフレックスの子要素にすれば）noStretchは不要です。

```
<sidebar-l space="var(--s2)" sideWidth="15rem" noStretch>
  <img src="path/to/image" alt="画像の代替テキスト">
  <p><!-- 画像に伴うテキスト --></p>
</sidebar-l>
```

■ 反転されたメディアオブジェクト

ほとんど前述の例と同じですが、この例では画像に伴うテキストがサイドバーになります。レイアウトが水平方向の配置であれば、画像が伸張するようになっています。水平方向の配置では、<p>のサイドバーの幅（カラム幅）は30ch（約30文字分）になります。

画像は<div>の中に配置されているため、noStretchは不要です。利用可能なスペースを占有するように画像を伸張するため、レスポンシブな画像のための基本的なCSS（img { width: 100% }）をグローバルスタイルに追加する必要があります。

```
<sidebar-l space="var(--s2)" side="right" sideWidth="30ch">
  <div>
    <img src="path/to/image" alt="画像の代替テキスト">
  </div>
  <p><!-- 画像に伴うテキスト --></p>
</sidebar-l>
```

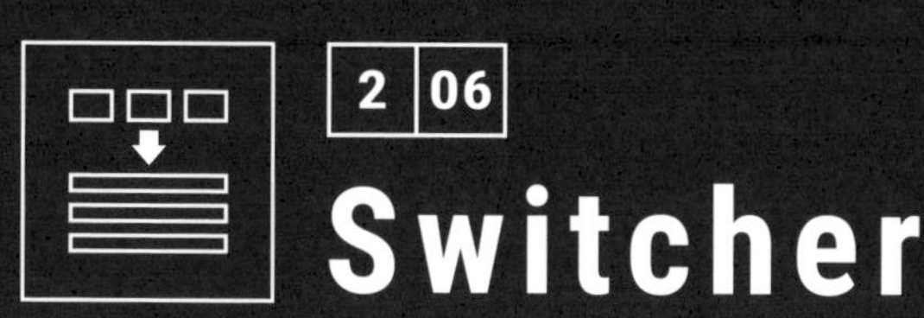

2 06 Switcher

問題

「ボックス」の節で述べたように、ビジュアルデザインのレイアウトでは、絶対的な命令を与えるよりも「意図の提示」を行うほうがよいでしょう。さまざまなコンテキストや端末に向けてデザインを「上書き」しようとすると、メディアクエリのブレイクポイントを大量に使用する羽目になります。代わりに、レイアウトボックスがどのように配置されるべきかをブラウザに示すようにします。そうすれば、いくつものレイアウトを作成する代わりに、クォンタムレイアウト、つまり単体で複数の状態が重ね合わせられたレイアウトを定義できます。

このようなアプローチを採るときに非常に役立つのが、flex-basisプロパティです。width: 20remという宣言の場合、状況にかかわらず幅は常に20remとなります。一方で、flex-basis: 20remにはより深い意味があります。これを用いると、20remを理想的な、あるいは「目標」の幅としてブラウザに提示することになります。目標の20remにどれだけ近づけられるかは、保持するコンテンツや利用可能なスペースを考慮してブラウザが自由に計算します。コンテンツやそのコンテンツを読むユーザーの状況に応じて、ブラウザ自身が適切な判断を下せるようになるということです。

例として、次のコードをご覧ください。

```
.grid {
  display: flex;
  flex-wrap: wrap;
}

.grid > * {
  width: 33.333%;
}
```

```
@media (max-width: 60rem) {
  .grid > * {
    width: 50%;
  }
}

@media (max-width: 30rem) {
  .grid > * {
    width: 100%;
  }
}
```

この場合の間違いは、レイアウトに「外因的」なアプローチを採用したことです。先にビューポートについて考え、その後でボックスをビューポートに適応させているのです。この方法は冗長で信頼性に欠け、フレックスボックスの機能を最大限に活用できていません。

flex-basisを使えば、メディアクエリのブレイクポイントに頼らなくても、レスポンシブなグリッド風レイアウトが簡単に作成できます。次のようなコードについて考えてみましょう。

```
.grid {
  display: flex;
  flex-wrap: wrap;
}

.grid > * {
  flex: 1 1 20rem;
}
```

今度は「内因的」に、つまり対象となる要素自体のサイズを基準に考えています。このflexショートハンドプロパティ ※1 によって、「スペースを埋めるように各要素を伸張さ

※1. flex | CSS-Tricks ▶ https://css-tricks.com/almanac/properties/f/flex/

せるか収縮させるが、幅はできるだけ20remに近づける」という挙動になります。ビューポートの幅に合わせて個別にカラム数を設定するのではなく、理想としてのカラム幅を基準にカラムを「生成」するようブラウザに指示しています。つまり、レイアウトが自動化されています。

ゾーイ・ミックリー・ギーレンウォーター (Zoe Mickley Gillenwater) が指摘しているように ※2 、flex-basisをflex-growおよびflex-shrinkと組み合わせることで、ビューポート幅ではなく利用可能なスペースに応じた折り返しが暗黙的に発生するようになります。これはコンテナクエリ ※3 とよく似た機能です。フレックスボックスでできたこの「グリッド」では、配置されたコンテナのサイズに応じて自動的に適切なレイアウトが採用されます。これが「クォンタムレイアウト」です。

2次元的な対称性の問題

これは実用的なレイアウトの仕組みですが、それによって形成されるのは、次に挙げる、すべての要素の幅が同じになる2種類のレイアウトだけです。

- シングルカラムレイアウト (コンテナの幅が非常に狭い場合)
- 均一なマルチカラムレイアウト (行ごとのカラム数が同じ)

しかし、要素の数と利用可能なスペースの関係によっては、次のようなレイアウトになってしまうこともあります。

とはいえ、これは必ずしも解決しなければならない問題ではありません。コンテンツがスペース内に収まり、隠れずに表示されているのであれば、最低限の基準は満たしています。しかし、対象となる要素の数が限られている場合は、このような中間の状態を経由せずに水平方向 (1行) のレイアウトから垂直方向 (1カラム) のレイアウトに直接切り替えたいときもあるでしょう。

※2. Putting Flexbox into Practice presentation at Blend Conference ▶ http://zomigi.com/blog/flexbox-presentation/
※3. Element Queries, And How You Can Use Them Today - Smashing Magazine ▶ コンテナクエリに似たアプローチである、要素クエリについての解説です。 https://www.smashingmagazine.com/2016/07/how-i-ended-up-with-element-queries-and-how-you-can-use-them-today/

また、いくつかの要素が折り返されて伸張し、それぞれ異なる幅になってしまうと、ユーザーはそれらを「選りすぐり」のものと誤解する恐れがあります。他の要素より重要であるために、意図的に異なる見た目になっていると感じてしまうのです。このような混乱は避けたいものです。

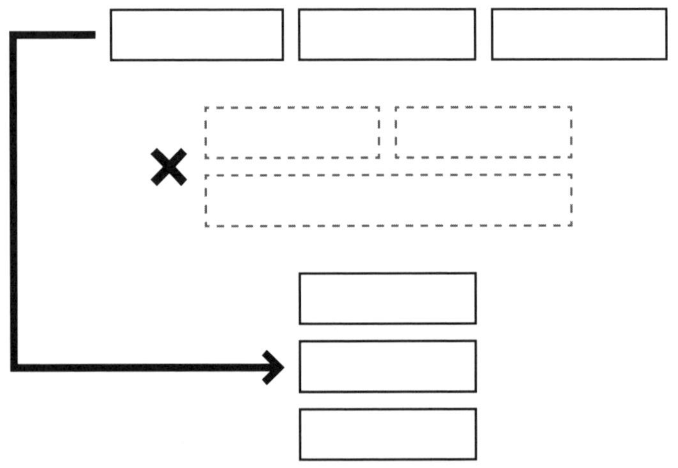

解決策

Switcher要素（Flexbox Holy Albatross ※4 に基づいています）は、フレックスボックスのコンテキストにおける水平方向のレイアウトから垂直方向のレイアウトへの切り替えを、「コンテナ」基準のブレイクポイントで行います。たとえば、ブレイクポイントが30remの場合、親要素の幅が30remより狭いときにレイアウトが垂直方向の配置に切り替わります。

この切り替えを実現するためには、まず基本の水平方向のレイアウトを設定し、折り返しとflex-growを有効にします。

```
.switcher > * {
  display: flex;
  flex-wrap: wrap;
}

.switcher > * > * {
```

※4. **The Flexbox Holy Albatross: HeydonWorks** ▶ 筆者のヘイドン氏による、Switcherレイアウトの基となるアルゴリズムについての解説です。 https://heydonworks.com/article/the-flexbox-holy-albatross/

```
  flex-grow: 1;
}
```

flex-basisの値は、コンテナの（現在の）幅である100%と、指定された30remのブレイクポイントから計算します。

```
30rem - 100%
```

100%の計算結果に応じて、正の値か負の値が導かれます。コンテナが30remより狭ければ正の値、広ければ負の値です。次にこの数値に999を掛け合わせ、「非常に大きな正の値」か「非常に大きな負の値」のいずれかを生成します。

```
(30rem - 100%) * 999
```

実際のflex-basisの宣言は次のようになります。

```
.switcher > * {
  display: flex;
  flex-wrap: wrap;
}

.switcher > * > * {
  flex-grow: 1;
  flex-basis: calc((30rem - 100%) * 999);
}
```

flex-basisでは、負の値は無効であるため無視されます。CSSの柔軟なエラー処理のおかげで、この場合は単に、flex-basisを除いた残りのCSSは依然として適用されたままになります。flex-basisに指定されている無効な負の値は0に修正され、flex-growによって各要素が水平方向のスペースを同じ比率で占めるように伸張されます。

⚠ コンテンツの幅

先ほど「水平方向のスペースを各要素が同じ比率で占める」と述べましたが、これが当てはまるのは、要素の「コンテンツ」のサイズが、その割り当てられた比率を超えていない場合に限られます。整然とした状態を保つため、入れ子になる要素には100%のmax-widthを指定するのがよいでしょう。

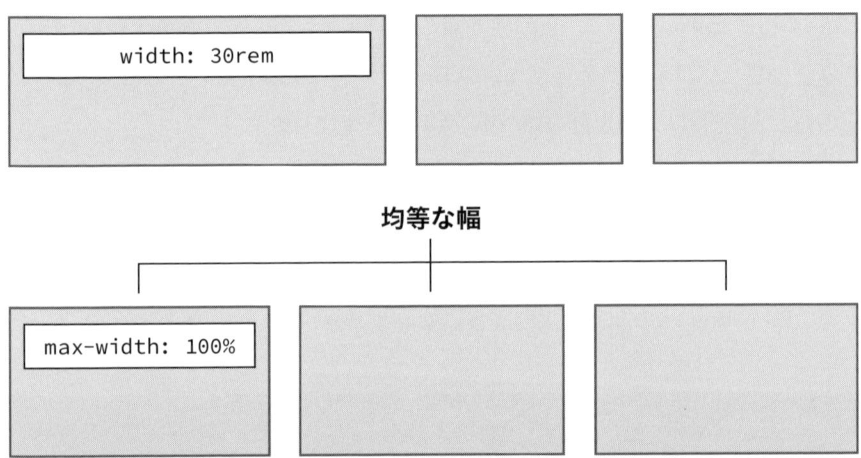

固定の幅（またはmin-width）を設定すると、例のごとく問題が生じます。その代わり、ブラウザがコンテキストに応じて幅を決定できるようにします。

一方、計算されたflex-basisの値が大きな正の数である場合、各要素は行全体を占めるまで最大化して、垂直方向の配置が形成されます。こうして中間的な配置をうまくスキップすることができました。

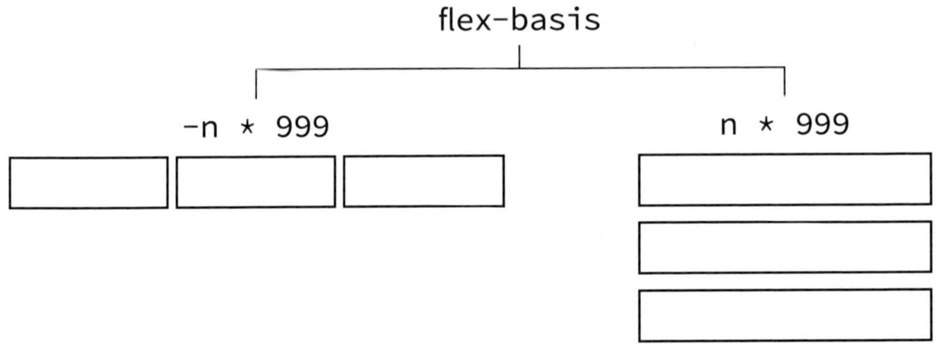

ガター

対象となる要素間のマージン（あるいはガターかギャップ）に対応するには、「Cluster」の節で述べた負のマージンの手法を適用します。ただし、親要素の引き伸ばしに伴って増加してしまう幅を補正するため、flex-basisの計算を調整する必要があります。というのも、四辺すべてに負のmarginを適用すると、親要素の幅が自身のコンテナよりも広がってしまう結果、両者の100%の値が一致しなくなるのです。

```
.switcher {
  --threshold: 30rem;
  --space: 1rem;
}

.switcher > * {
  display: flex;
  flex-wrap: wrap;
  /* ↓ 負の値にするために-1をかける */
  margin: calc(var(--space) / 2 * -1);
}

.switcher > * > * {
  flex-grow: 1;
  flex-basis: calc((var(--threshold) - (100% -
var(--space))) * 999);
  /* ↓ 半分の値を各要素に適用し、組み合わせることでひとつの完全なスペース
にする */
  margin: calc(var(--space) / 2);
}
```

その代わりに、すべての主要なブラウザでサポートされているgapプロパティを使用すれば、このような計算について考慮する必要はありません。ブラウザが代わりに処理してくれます。そのおかげで、HTMLとCSSのコードを大幅に削減できます。

```css
.switcher {
  display: flex;
  flex-wrap: wrap;
  gap: 1rem;
  --threshold: 30rem;
}

.switcher > * {
  flex-grow: 1;
  flex-basis: calc((var(--threshold) - 100%) * 999);
}
```

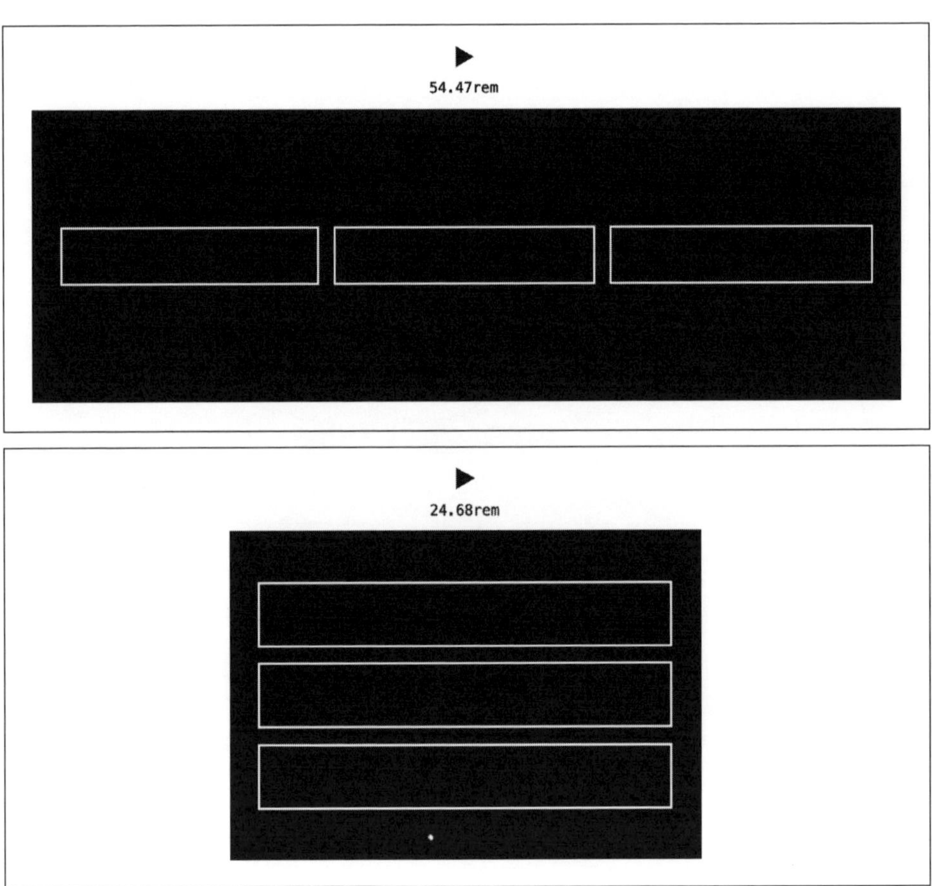

このインタラクティブなデモは、https://every-layout.dev/demos/switcher-basic/で

ご覧になれます。

比率の管理

水平方向の配置では、任意の要素に割り当てられる利用可能なスペースの割合を増減させることができます。2番目の要素（`:nth-child(2)`）に`flex-grow: 2`を指定すると、その幅は他の兄弟要素の倍になります（兄弟要素はそれに合わせて収縮します）。

```
.switcher > :nth-child(2) {
  flex-grow: 2;
}
```

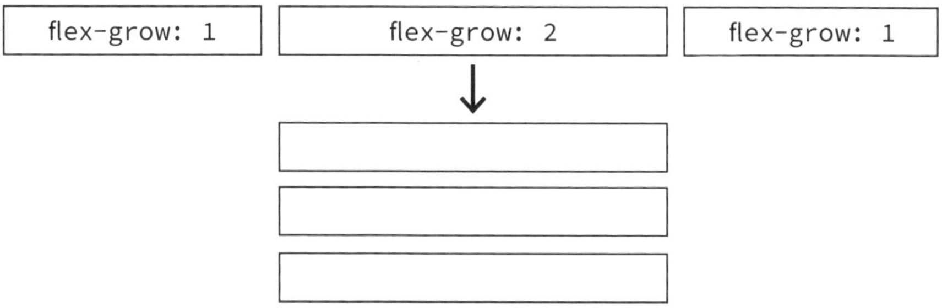

flex-grow: 1 | flex-grow: 2 | flex-grow: 1

数量のしきい値

水平方向の配置では、各要素に割り当てられるスペースの量は次のふたつの要因で決まります。

- 利用可能なスペースの総量（コンテナの幅）
- 兄弟要素の数

Switcherは、利用可能なスペースに応じて配置が切り替わるようになっています。要素は好きな数だけ追加できますが、親要素の幅がブレイクポイントよりも広い限り、それらはすべて水平方向に並ぶことになります。要素を追加すればするほど、それぞれに割り当てられるスペースが小さくなるため、容易に押しつぶされすぎた状態になってしまいます。

これを防ぐために、ドキュメントを記述したり、開発者のコンソールに警告メッセージやエラーメッセージを表示したりもできます。しかし、あまり効果的でも堅牢でもありません。それよりも、レイアウト自身がこの問題に対処できるように対策するほうが賢明です。各レイアウトコンポーネントをできるだけ自立したものにするのが、このプロジェクトの目標です。

兄弟要素の合計の数に基づいたセレクタを記述することで、要素のグループごとにスタイル設定することができます。この手法は「数量クエリ ※5」と呼ばれています。次のコードをご覧ください。

```
.switcher > :nth-last-child(n+5),
.switcher > :nth-last-child(n+5) ~ * {
  flex-basis: 100%;
}
```

この例では、「要素の数が合計5個以上」である場合のみ、すべての要素に100%のflex-basisを適用しています。:nth-last-child(n+5) セレクタでは、グループの最後から数えて5番目から先頭までの要素が対象になります。そして、一般兄弟結合子によって残りの要素（:nth-last-child(n+5) の後ろのすべての要素）にも同じ規則を適用します。存在する項目が4個以下の場合、:nth-last-child(n+5) 要素が存在しないため、スタイルは適用されません。

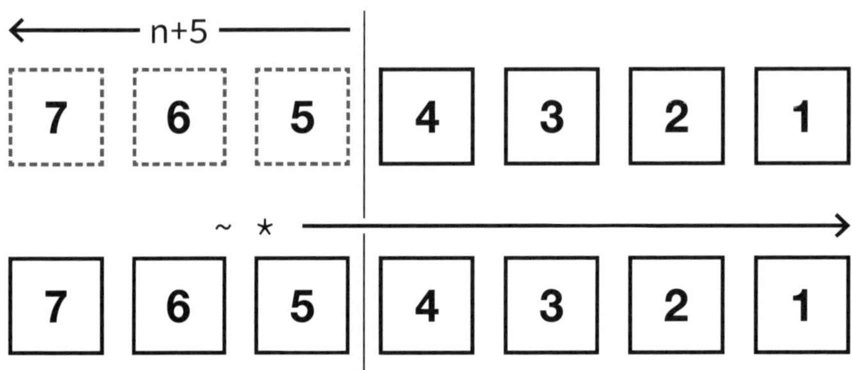

※5. Quantity Queries for CSS - A List Apart ▶ 筆者のヘイドン氏による、数量クエリの解説です。 https://alistapart.com/article/quantity-queries-for-css/

こうしてこのレイアウトには、コンテナのブレイクポイントと要素の個数との2種類のしきい値を設定できるようになり、堅牢性も倍になりました。

使い方

水平方向のレイアウトと垂直方向のレイアウトを互いに切り替えたいような場面はいくつもあります。しかし、この手法が特に有用になるのは、各要素が同等の役割を持つとき、または連続しているものの一部であるときです。たとえば商品を紹介するカードコンポーネントは、その並び方向にかかわらず同じ幅になっているべきです。そうしなければ、一部のカードが何らかの理由により強調されている、もしくは主要なものであるように認識されてしまう可能性があるからです。

また、順番のある一連の手順を表示する場合でも、1行の水平方向または1列の垂直方向にレイアウトされているほうがわかりやすくなります。

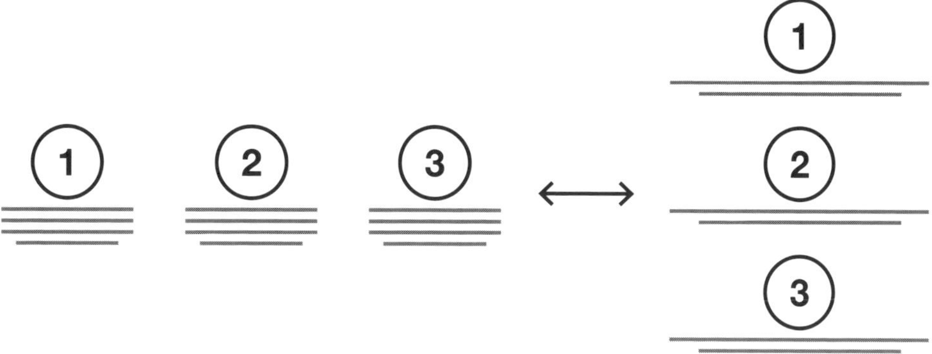

実装例

Switcherレイアウトを実装するための完全なコード例を紹介します。

CSS

```
.switcher {
  display: flex;
```

```
  flex-wrap: wrap;
  /* ↓ デフォルト値はモジュラースケールの最初の値 */
  gap: var(--gutter, var(--s1));
  /* ↓ レイアウトの「分岐点」となる幅 */
  --threshold: 30rem;
}

.switcher > * {
  /* ↓ 子要素の伸長を許可 */
  flex-grow: 1;
  /* ↓ --thresholdでレイアウトを切り替え */
  flex-basis: calc((var(--threshold) - 100%) * 999);
}

.switcher > :nth-last-child(n+5),
.switcher > :nth-last-child(n+5) ~ * {
  /* ↓ 4つ以上の子要素が存在すれば垂直方向の配置に切り替え */
  flex-basis: 100%;
}
```

HTML

```
<div class="switcher">
  <div><!-- 子要素 --></div>
  <div><!-- 子要素 --></div>
  <div><!-- 子要素 --></div>
</div>
```

コンポーネント（カスタム要素）

カスタム要素によるSwitcherの実装は、https://every-layout.dev/downloads/Switcher.zipからダウンロードして利用できます。

PropsのAPI

次のprops（属性）が変更された場合には、Switcherコンポーネントが再描画されます。変更するには、手動でブラウザの開発者ツールを使用することも、アプリケーションの状態に基づいて変化させることもできます。

名前	データ型	デフォルト値	説明
threshold	`string`	`"var(--measure)"`	CSSの`width`の値（「コンテナのブレイクポイント」を表す）
space	`string`	`"var(--s1)"`	CSSの`margin`の値
limit	`integer`	`4`	水平方向のレイアウトで受け入れられる最大の項目数を表す数値

2 07 Cover

問題

長年の間、何かを水平方向および垂直方向に中央揃えすることは、CSSでは非常に難しいことでした。CSSを批判する人々は、これをCSSの欠陥を示す動かぬ「証拠」として挙げていました。

実のところ、CSSでコンテンツを中央揃えする方法はいくつもあります。しかしながら、はみ出してしまったり重なってしまったりというようなレイアウトの破綻を懸念することなく使用できる方法は限られています。たとえば、relativeによる位置指定(position)とtransformとを併用すれば、要素をある親要素の中で垂直方向の中央に配置することはできます。

```
.parent {
  /* ↓ 親要素にビューポート基準の高さを指定する */
  height: 100vh;
}

.parent > .child {
  position: relative;
  /* ↓ 要素を親要素の50%分押し下げる */
  top: 50%;
  /* ↓ その上で要素自身の高さの50%をもって調整する */
  transform: translateY(-50%);
}
```

このやり方のポイントは、translateY(-50%)です。これによって、要素自身の高さに応じて垂直方向の位置を調整できます。欠点としては、子要素のコンテンツの高さが親要素より高くなったときに上下にはみ出してしまうことです。この方法では、どのようなコンテンツにも対応できるようなレイアウト設計ができていません。

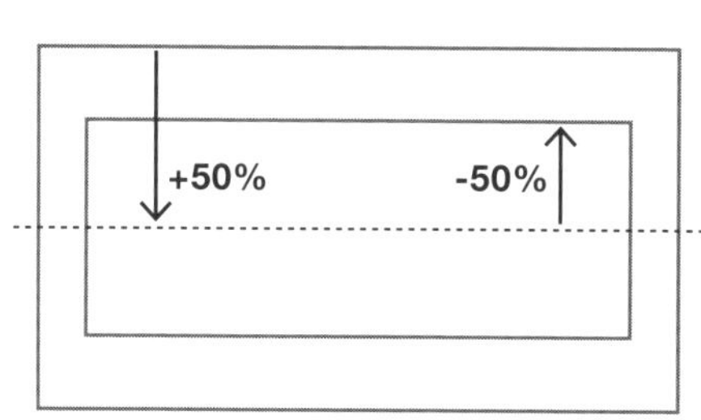

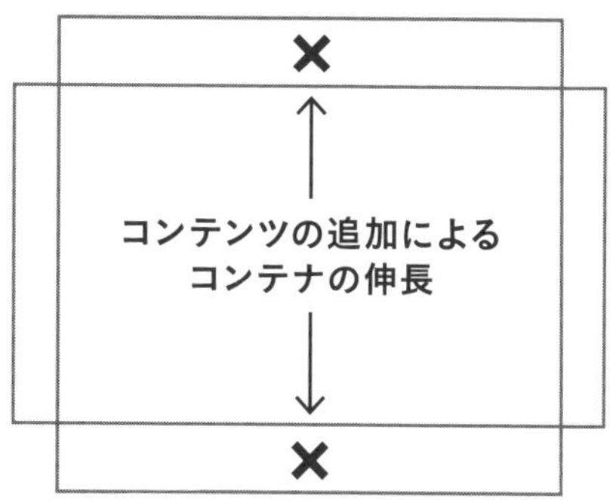

おそらく最も堅牢なのは、フレックスボックスのjustify-content: center（水平方向）とalign-items: center（垂直方向）を組み合わせる方法でしょう。

```
.centered {
  display: flex;
  justify-content: center;
  align-items: center;
}
```

高さを正しく処理する

フレックスボックスのCSSを適用しただけでは、垂直方向に中央揃えされたようには見えません。.centered要素自体の高さが（デフォルトのheight: autoにより）そのコンテンツの高さに対応することになるためです。このサイズ設定の方法は「内在サイズ（intrinsic size）」と呼ばれることもあり、「Sidebar」の節で詳しく取り上げています。

前述した、信頼性の低いtransformの例のように、要素に固定された高さを設定するのは配慮に欠けます。コンテンツの量や、そのコンテンツがどれくらい垂直方向のスペースを使うのかを、あらかじめ知っておくことはできないためです。高さが固定されている限り、はみ出しを防ぐことはできません。

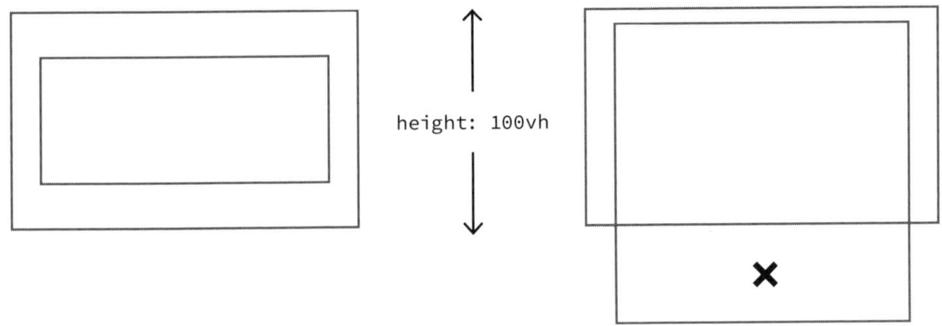

代わりに、min-heightを設定するとよいでしょう。そうすれば、コンテンツの高さ(auto)がmin-heightよりも高い場合には、コンテンツがはみ出さないように要素が垂直方向に伸び広がるようになります。加えて、垂直方向にパディングを設けることで、中央揃えされたコンテンツが端に触れないように保証できます。

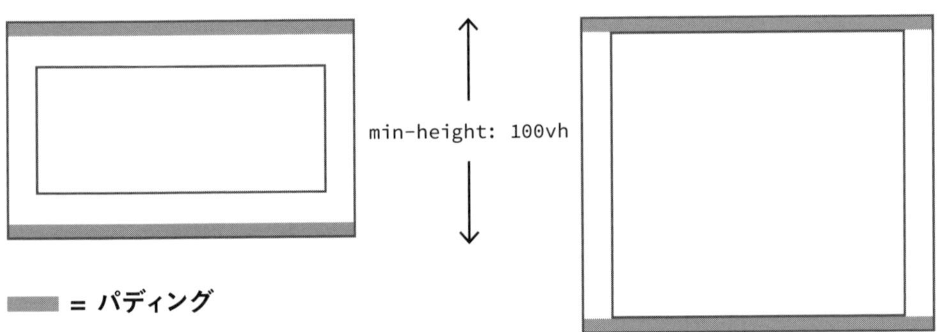

ボックスサイジング

親要素にパディングが追加されても100vhの高さを維持するためには、box-sizing: border-boxの宣言を適用する必要があります。適用されていなければ、要素の高さにさらにパディングの値が加算されることになります。

box-sizing: border-boxは非常に便利なので、通例としてグローバルな宣言ブロックですべての要素に適用します。*(全称)セレクタを使えばすべての要素が対象になります。

```
*{
```

```
    box-sizing: border-box;
    /* 他のグローバルなスタイルも併記 */
  }
```

この方法は、配置されるのが中央の要素ひとつだけであれば申し分なく使えます。とはいえ、中央揃えされた要素の上下には他の要素を追加したくなってしまうこともよくあります。たとえば、右上の閉じるボタンや、中央下の「もっと読む」リンクなどです。しかし、いずれの場合であってもレイアウトが壊れないような設計を、モジュラーな方式で実現しなければなりません。

解決策

必要なのは、垂直方向に中央揃えされた（min-heightの値以下の高さの）コンテンツを処理すると同時に、上部のヘッダー要素と下部のフッター要素に対応できるレイアウトコンポーネントです。このコンポーネントを真の意味で自由に組み合わせて使えるようにするためには、CSSを変更することなく、HTML側だけで要素の追加や削除ができるようにしなければなりません。コンポーネントをモジュラーにすることで、コンテンツ（HTML）の編集時に追加のコーディングが不要になるようにします。

Coverコンポーネントは、flex-direction: columnが設定されたフレックスボックスコンテキストになります。この宣言によって、子要素は水平ではなく垂直方向に並ぶようになります。言い換えれば、フレックスボックスにおける整形コンテキストの「フロー方向」が、ブロック要素の標準的なフロー方向に戻るということです。

```
.cover {
  display: flex;
  flex-direction: column;
}
```

Coverには、中央に寄せて配置される「主要素」が常にひとつ含まれます。加えて、上部にひとつのヘッダー要素と下部にひとつのフッター要素の片方または両方を追加できます。

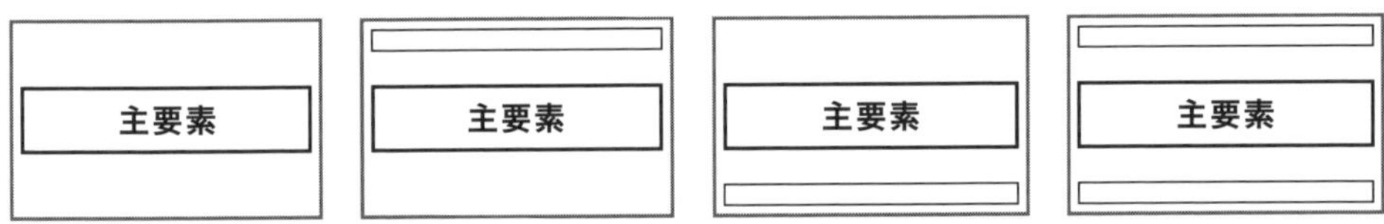

CSSを変更することなく、これらすべてのケースに対応するにはどうすればよいでしょうか？　まずは、中央の要素（例ではh1ですが、どの要素でもかまいません）にautoのマージンを指定しましょう。

```
.cover {
  display: flex;
  flex-direction: column;
}

.cover > h1 {
  margin-top: auto;
  margin-bottom: auto;
}
```

これによって、要素は上下から引き離され、利用可能なスペースの中心に移動します。厳密に言えば、要素のマージンが親要素の内側の端、または兄弟要素の上下の端のいずれかを押しやることになります。

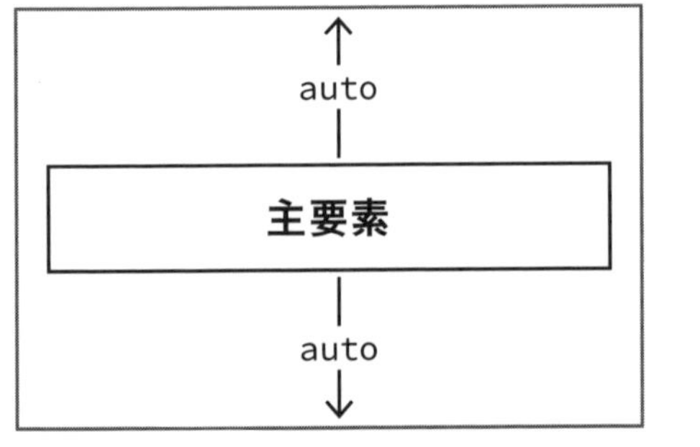

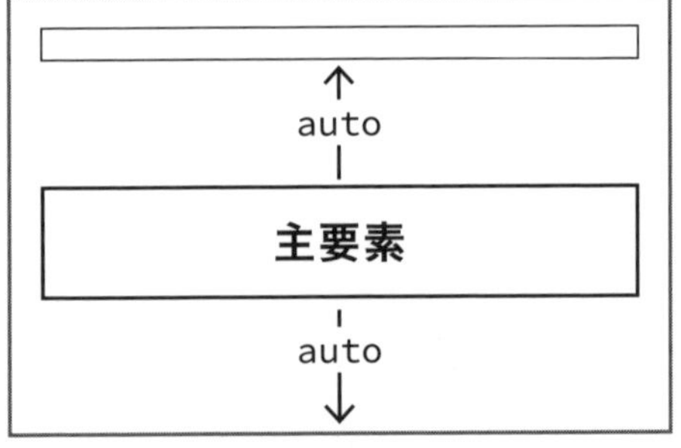

右側の構成では、中央の要素は、垂直方向の利用可能なスペースにおいての中央に配置されていることに注意してください。

後は、(最大で)3つの子要素の高さがmin-heightの値を超えた場合に、要素間にスペースができるようにしておくだけです。

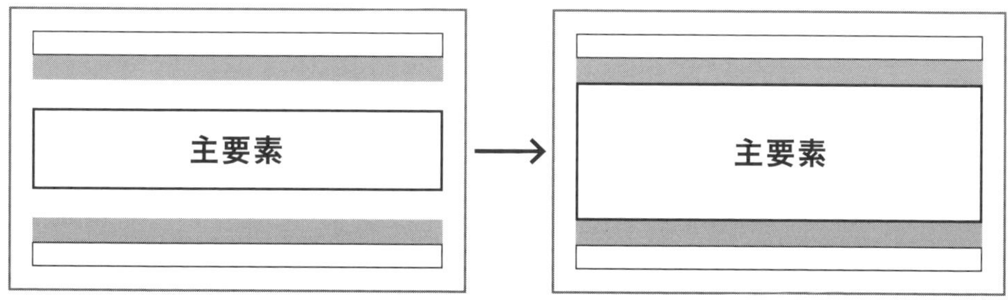

このままでは、autoのマージンはスペースがなくなるまで狭まるだけです。calc()関数にautoを含めてマージンを調整することはできないので(calc(auto + 1rem)は無効)、マージンはコンテキストに応じてヘッダー要素とフッター要素に追加するのが最善です。

```
.cover > * {
  margin-top: 1rem;
  margin-bottom: 1rem;
}

.cover > h1 {
  margin-top: auto;
  margin-bottom: auto;
}

.cover > :first-child:not(h1) {
  margin-top: 0;
}

.cover > :last-child:not(h1) {
  margin-bottom: 0;
}
```

対象となる要素を正しく選択するために、カスケードと詳細度 ※1、および否定擬似クラスを使用していることに注目してください。最初に、ユニバーサルな子要素セレクタを使用して、すべての子要素に上下のマージンを適用します。次に、中央揃えされる要

※1. CSS specificity and the cascade - Piccalilli ▶ 筆者のアンディ氏による、CSSのカスケードと詳細度についての解説です。
https://andy-bell.design/wrote/css-specifity-and-the-cascade/

素でこれを上書きして、autoのマージンを設定します。最後に、:not()関数を使用して、上下にあるのが中央揃えされる要素ではない場合のみ余分なマージンを取り除きます。もし、中央揃えされる要素とフッター要素があり、ヘッダー要素がない場合、中央揃えされる要素が:first-childになりますが、margin-top: autoは保持されるようにしなければなりません。

⚠ ショートハンド

先頭の宣言ブロックでは、margin: 1rem 0というショートハンドを使用せず、個別にmargin-topとmargin-bottomを記述しています。このコンポーネントは、垂直方向のマージンだけに関心を持つレイアウトを実現するものだからです。水平方向のmarginに0を指定すると、Coverの内側の要素に対してその祖先のコンポーネントから適用されたり継承されたりしたスタイルをむやみに打ち消してしまう可能性があります。

必要なものだけを設定してください。

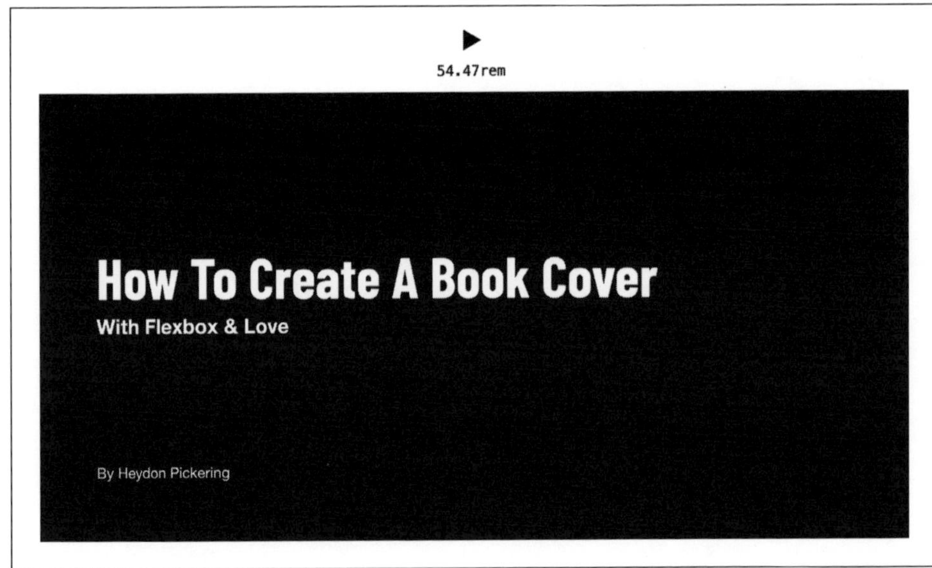

このインタラクティブなデモは、https://every-layout.dev/demos/cover-html-book/でご覧になれます。

これで問題なく、paddingを使ってCoverコンテナの内側にスペースを追加できるようになりました。存在する要素がひとつでもふたつでも、またはみっつでも、スペースは対称性を保ったままで、都度個別にスタイル設定を必要としないモジュラーなコンポーネントとなっています。

```
.cover {
  padding: 1rem;
  min-height: 100vh;
}
```

min-heightが100vhに設定されているため、要素はビューポートの高さの100%を「カバー」するようになっています（これが名前の由来です）。とはいえ、min-heightには別の値を設定してもかまいません。100vhは「よいデフォルト」とみなせるため、後に紹介するカスタムプロパティを使った実装では、これがminHeight propのデフォルト値となっています。

水平方向の中央揃え

水平方向の中央揃えについてはここまで取り上げてきませんでしたが、それには意図があります。レイアウトコンポーネントは単一の問題だけの解決を目指すべきであり、水平方向の中央揃えはまた別の問題です。Centerレイアウトは水平方向の中央揃えを取り扱うもので、コンポジションとしてCoverと併用できます。Centerの中にCoverを入れ子にしたり、Coverの中にひとつまたは複数のCenterを入れ子にすることもできます。すべてはコンポジション次第です。

使い方

Coverの一般的な用途は、Webページに「スクロールせずに見える（above the fold）」導入コンテンツを作成することです。次のデモでは、入れ子になったCluster要素を使用して、ロゴとナビゲーションメニューをレイアウトしています。この場合では、ユーティリティクラス（.text-align\:center）を使用して、<h1>とフッター要素を水平方向に中央揃えしています。

このインタラクティブなデモは、https://every-layout.dev/demos/cover-page-intro/でご覧になれます。

ページの各セクションにCoverを使用して、`IntersectionObserver`のAPIを用いることで、ビューポートに表示されるときにアニメーションさせることができます。簡単な実装としては次のようになります（要素がビューポート内に現れると`data-visible`属性が追加されます）。

```
if ('IntersectionObserver' in window) {
  const targets = Array.from(
    document.querySelectorAll('cover-l')
  );
  targets.forEach(t => t.setAttribute('data-observe', ''));
  const callback = (entries, observer) => {
    entries.forEach(entry => {
      entry.target.setAttribute('data-visible',
entry.isIntersecting);
    });
  };
```

```
  const observer = new IntersectionObserver(callback);
  targets.forEach(t => observer.observe(t));
}
```

実装例

Coverレイアウトを実装するための完全なコード例を紹介します。例では、中央揃えされる要素を<h1>にしていますが、これはどの要素でもかまいません。

CSS

```
.cover {
  --space: var(--s1);
  /* ↓ 列のフレックスコンテキストを確立 */
  display: flex;
  flex-direction: column;
  /* ↓ ビューポートの高さを基準にして最小の高さを設定（どのような最小値でもよい）*/
  min-height: 100vh;
  /* paddingの値を設定 */
  padding: var(--space);
}

.cover > * {
  /* ↓ 各子要素に上下のマージンを設定 */
  margin-top: var(--space);
  margin-bottom: var(--space);
}

.cover > :first-child:not(h1) {
  /* ↓ first-childが中央揃えされる要素でなければ、上部のマージンを削除 */
```

2
—
07
Cover

```
  margin-top: 0;
}

.cover > :last-child:not(h1) {
  /* ↓ last-childが中央揃えされる要素でなければ、下部のマージンを削除
*/
  margin-bottom: 0;
}

.cover > h1 {
  /* ↓ 垂直方向の利用可能なスペースにおいて対象の要素（ここではh1）を中央
揃えにする */
  margin-top: auto;
  margin-bottom: auto;
}
```

HTML

中央揃えされる要素は<h1>で、nth-child(2)の位置にある想定とします。

```
<div class="cover">
  <div><!-- 最初の子要素 --></div>
  <h1><!-- 中央揃えにされる子要素 --></h1>
  <div><!-- 最後の子要素 --></div>
</div>
```

コンポーネント（カスタム要素）

カスタム要素によるCoverの実装は、https://every-layout.dev/downloads/Cover.zip からダウンロードして利用できます。

PropsのAPI

次のprops（属性）が変更された場合には、Coverコンポーネントが再描画されます。変更するには、手動でブラウザの開発者ツールを使用することも、アプリケーションの状態に基づいて変化させることもできます。

名前	データ型	デフォルト値	説明
centered	`string`	`"h1"`	単純なセレクタ（要素型セレクタやクラスセレクタなど）として、Cover内に中央揃えされる主要素を指定
space	`string`	`"var(--s1)"`	すべての子要素の、間や周囲にできる最小のスペース
minHeight	`string`	`"100vh"`	Coverの最小の高さ
noPad	`boolean`	`false`	コンテナ要素のパディングにもスペースを適用するかどうか

例

■基本

ヘッダーもフッターもない、中央揃えされる要素（`<h1>`）のみの例です。`min-height`にはデフォルトの`100vh`を採用しています。

```
<cover-l>
  <h1>ようこそ！</h1>
</cover-l>
```

<h1>はページにひとつ

ドキュメント構造のアクセシビリティのため、<h1>要素は1ページにつきひとつのみにしてください。スクリーンリーダーのユーザーにとって、この要素がページの主要な見出しとなります。複数の<cover-l>を連続して追加する場合には、最初のもの以外では<h2>を使用して、それがドキュメント構造におけるサブセクションであることを示します。

2 — 07 Cover

2 08 Grid

問題

デザイナーの間では、グリッドに合わせたデザインが話題になることがあります。これはグリッド、つまり縦横の線でできた格子をまず設定してから、その交差する線からなるボックスにテキストや画像を当てはめるようにスペースを使う方法です。

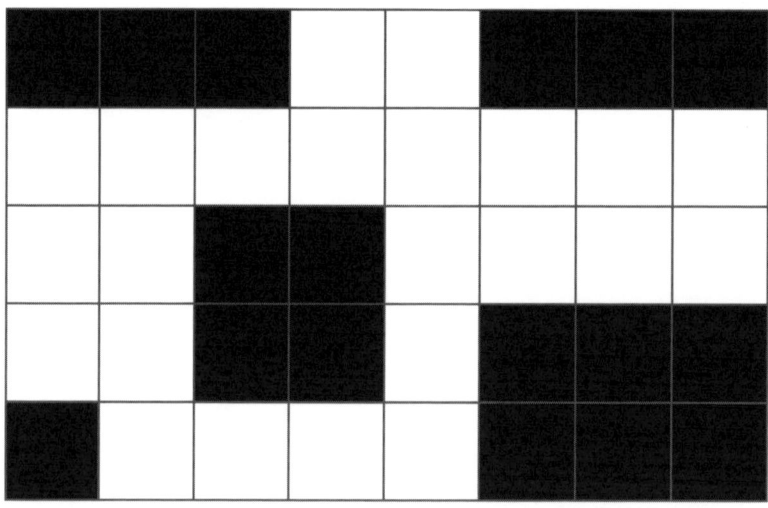

■ コンテンツエリア

しかし「グリッドファースト」なアプローチが本当に成り立つのは、次のふたつについて事前にわかっている場合のみです。

1. スペース
2. コンテンツ

「公理」の節で述べたように、このようなアプローチは、紙媒体を前提とする雑誌のレイアウトでは実現できます。一方、画面向けの、端末に依存しない、動的な（変化する）コンテンツを含むWebレイアウトにおいては、根本的に実現不可能です。

CSSのグリッドモジュールを使用すると、設定したグリッドのどこにでもコンテンツを配置できるようになります。そのようなグリッドに合わせたデザインをWebにもたらすという点で画期的なものです。しかし、グリッドコンテンツの配置が特殊で手の込んだものであればあるほど、スペースの変化に応じてレイアウトを適合させるために、メディアクエリのブレイクポイントという形で手動の調整を行わなければなりません。グリッドの設定そのものから、その中に配置するコンテンツの位置まで、手作業でコードを追加して変更する必要があります。

「Switcher」の節で述べたように、メディアクエリのブレイクポイントが関係しているのはビューポートのサイズのみであって、実際に親コンテナによって用意される利用可能なスペースには関係していません。つまり、メディアクエリのブレイクポイントを使用して定義されたレイアウトコンポーネントは、根本的にコンテキストに基づいていないということです。モジュラーなデザインシステムにとってこれは非常に問題です。

理論的にも、グリッドに合わせたデザインをコンテキストに基づかず、かつ自動的にレスポンシブになるような方法で実現するのは不可能です。ただし、簡易的なグリッド風の構成なら可能です。行と列に分割された要素のグループのことです。

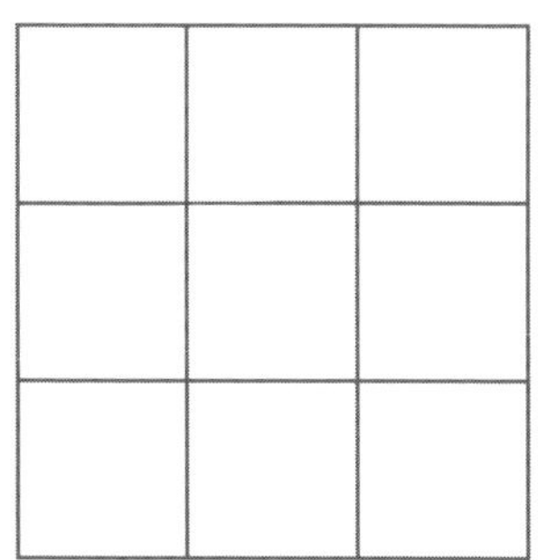

コンテンツのためのグリッド

コンテンツによるグリッド

Every Layoutでは、コンテンツありきでデザインします。コンテンツがなければグリッドが存在する必要はありません。コンテンツあってのグリッドです。

妥協は仕方がありません。典型的なグリッドのレイアウトのみを対象としつつも、十分に効果的な解決策を考えます。

Flexboxによるグリッド

フレックスボックスでは、flex-basisを使用することで、各グリッドセルに「理想的」な幅が設定されたグリッドを構成できます。

```
.flex-grid {
  display: flex;
  flex-wrap: wrap;
}

.flex-grid > * {
  flex: 1 1 30ch;
}
```

display: flexの宣言がフレックスボックスコンテキストを定義し、flex-wrap: wrapが折り返しを可能にしています。flex: 1 1 30chは、「理想的な幅は30chであるが、利用可能なスペースに応じてアイテムを伸張・収縮してもよい」という意味です。重要なのは、固定されたグリッドをイメージしてカラム数をあらかじめ規定してしまわないことです。カラム数は、flex-basisと利用可能なスペースを基準として、「アルゴリズム的」に決定されます。グリッドを定義するのは人間ではなく、コンテンツとコンテキストなのです。

「Switcher」の節で述べたように、特定の環境では、折り返しと伸長によってグリッドの形状が崩れてしまう可能性があります。

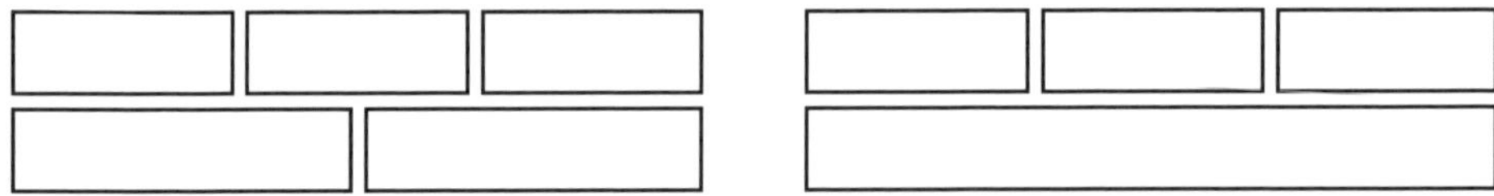

このレイアウトでは、コンテナの水平方向のスペースがすべて埋まるので、アイテム数が半端でも不恰好な隙間ができないという利点はあります。一方、グリッドの一般的な形としては、各アイテムが水平方向と垂直方向の両方の規定に沿って配置されるべきでしょう。

問題の緩和

「公理」の節で述べた、グローバルなカラム幅の規則を思い出してください。この規則は、対象となるすべての要素に含まれるテキストの行が、快適に読める長さよりも広がってしまわないようにするものでした。

フレックスボックスで作成したグリッド風のレイアウトでは、`:last-child`の要素が幅いっぱいになった場合、その中にあるテキスト要素のカラム幅が長くなり過ぎてしまう可能性があります。しかし、グローバルなカラム幅のスタイルがあれば問題になりません。グローバルな規則（公理）には、デザインの原則を都度レイアウトごとに考慮する必要がなくなるという利点があります。多くのことががあらかじめ解決されているということです。

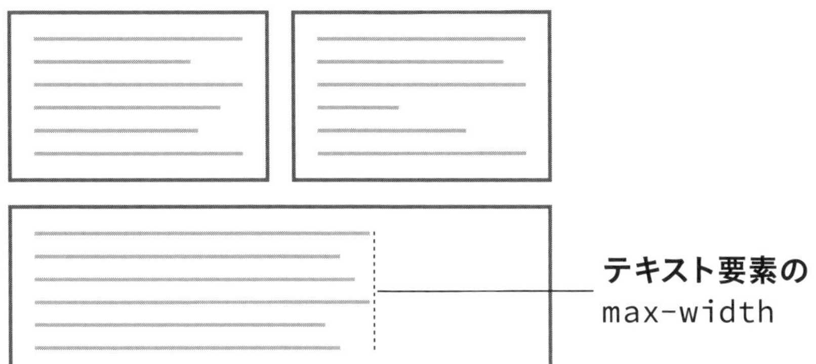

Gridによるグリッド

CSSグリッドモジュールはその名の通り、ある1点においては真にレスポンシブなグリッドレイアウトをもたらすものです。アイテムの伸長や収縮、折り返しを、カラムの境界を超えずに実現できるのです。

その挙動は筆者が考える典型的なレスポンシブグリッドに近いもので、この節ではそれを目指します。しかし、解決すべき実装上の大きな問題がひとつあります。次のコードをご覧ください。

```
.grid {
  display: grid;
  grid-gap: 1rem;
  grid-template-columns: repeat(auto-fit,
minmax(250px, 1fr));
}
```

筆者がこのパターンを最初に見つけたのは、ジェン・シモン（Jen Simmon）のLayout Landビデオシリーズ※1においてでした。詳しく説明しましょう。

1. `display:grid`：**グリッドコンテキストを設定して、子要素をグリッドセルにします。**
2. `grid-gap`: **各グリッドアイテムの間にガターを設けます（「Cluster」の節で述べた、負のマージンの手法を使用する必要がなくなります）。**
3. `grid-template-columns`: **普通はそこにデザインを合わせるための固定されたグリッドを定義するものですが、`repeat`および`auto-fit`と併用することで、カラムの動的な生成や折り返しが可能となり、前述したフレックスボックスの解決策と同じような挙動を実現できます。**
4. `minmax`: **この関数では、各カラム、つまりコンテンツの各セルに適用される幅の最小値と最大値を指定できます。`1fr`は利用可能なスペースの一部分を表すもので、それによって各カラムがコンテナの幅全体に広がるように伸長します。**

※1. Incredibly Easy Layouts with CSS Grid - YouTube ▶ https://www.youtube.com/watch?v=tFKrK4eAiUQ

このレイアウトの欠点は、minmax()に設定された最小値です。flex-basisでは、ひとつの「理想的」な値からいくらでも伸長したり縮小したりできますが、minmax()ではその範囲が制限されます。

固定的な最小値(この場合では250px)がなければ、折り返しのしきい値になるものがありません。最小値が0であれば、グリッドは常に1行になってカラム幅が狭まり続けるだけになります。しかし、固定的な最小値を伴う限り、その値よりも狭いコンテキストではカラムは確実にはみ出してしまうことになります。

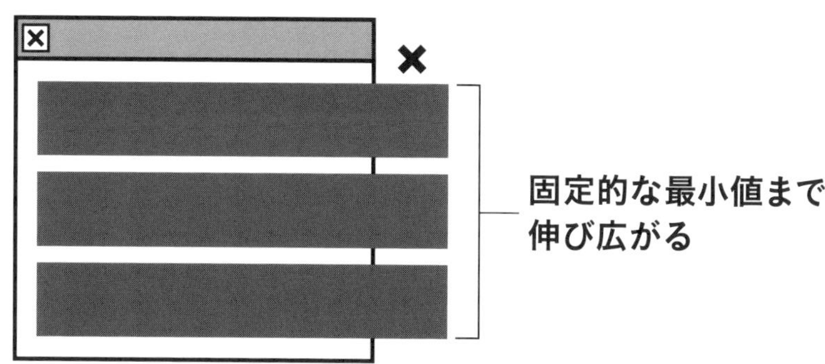

要するに、現状のパターンのままで安全なレイアウトを作成できるのは、コンテナの最小幅にカラムが収まる場合のみです。250px程度のカラム幅であれば、ほとんどの携帯端末のビューポートよりも狭いのでほぼ安全でしょう。しかし、利用可能なスペースに余裕があって、さらにカラムの幅を大きくしたい場合にはどうすればよいでしょうか?　フレックスボックスとflex-basisではそれを実現できますが、CSSグリッドでは何かしらの補助が必要になります。

解決策

これまで本書で紹介してきたレイアウトでは、メディアクエリを使用せずにCSSだけでサイズ調整や折り返しを処理してきましたが、CSSだけでは自動的な再構成を実現できない場合もあります。それでも、メディアクエリのブレイクポイントに頼ってはいけません。レイアウトシステムのモジュール性が損なわれてしまうからです。そのため、JavaScriptに頼ることになるかもしれません。ただし、それも慎重に行われるべきで、プログレッシブエンハンスメント🖉に則っている必要があります。

監訳者注

ブラウザのより先進的な実装に依存するサイト機能をオプションと捉え、ブラウザで利用可能でなかったとしても、サイトとして必要最低限の機能は提供できるようにするという戦略のことを指します。

Progressive Enhancement and the Future of Web Design - hesketh.com ▶ http://hesketh.com/progressive_enhancement_and_the_future_of_web_design.html

ResizeObserver ※2 という、要素のサイズ変更を追跡して応答するために高度に最適化されたAPIがあります。今のところ、JavaScriptでコンテナクエリ ※3 を作成するために最も効率的な方法です。もちろんこれを推奨するわけではありませんが、一部の厄介なレイアウトの問題だけを解決するために使用するのであれば問題ないでしょう。

次のコードをご覧ください。

```
.grid {
  display: grid;
  grid-gap: 1rem;
}

.grid.aboveMin {
  grid-template-columns: repeat(auto-fit,
minmax(500px, 1fr));
}
```

aboveMinクラスは、宣言の上書きによってレスポンシブグリッドの形成を制御します。ResizeObserverを使って、このaboveMinクラスをコンテナ幅に応じて追加または削除します。最小値の500pxは、コンテナ自体がこのしきい値より広い場合にのみ適用されます。次の例は、グリッド要素に対してResizeObserverを有効化するための必要最低限の関数です。

```
function observeGrid(gridNode) {
  // ResizeObserverの機能検出
  if ('ResizeObserver' in window) {
```

※2. **ResizeObserver - Web APIs | MDN** ▶ https://developer.mozilla.org/en-US/docs/Web/API/ResizeObserver
※3. **Responsive Components: a Solution to the Container Queries Problem - Philip Walton** ▶ ResizeObserverを用いて、コンテナクエリに近い機能を実現する方法の解説です。 https://philipwalton.com/articles/responsive-components-a-solution-to-the-container-queries-problem/

```
    // data-min="[min]"から最小値を取得
    const min = gridNode.dataset.min;
    // minの値（emやremなど）をpxに変換するための測定用要素を作成
    const test = document.createElement('div');
    test.style.width = min;
    gridNode.appendChild(test);
    const minToPixels = test.offsetWidth;
    gridNode.removeChild(test);

    const ro = new ResizeObserver(entries => {
      for (let entry of entries) {
        // 要素の現在のサイズを取得
        const cr = entry.contentRect;
        // コンテナの幅が最小値よりも広ければtrue
        const isWide = cr.width > minToPixels;
        // 条件に応じてクラスを切り替え
        gridNode.classList.toggle('aboveMin', isWide);
      }
    });

    ro.observe(gridNode);
  }
}
```

ResizeObserverがサポートされていなければ、フォールバックの1カラムレイアウトが適用されたままになります。簡潔さのために基本的なフォールバックを使用していますが、前述の、不完全ながらも便利なフレックスボックスのアプローチにフォールバックしてもかまいません。いずれにしても、コンテンツが見えなくなったり壊れたりしてしまうことはないので、minmax()の最小値を大きくして、よりグリッドの表現力を高めることもできます。また値は絶対値に縛られておらず、相対的な単位（「単位」の節を参照）を使用することもできます。

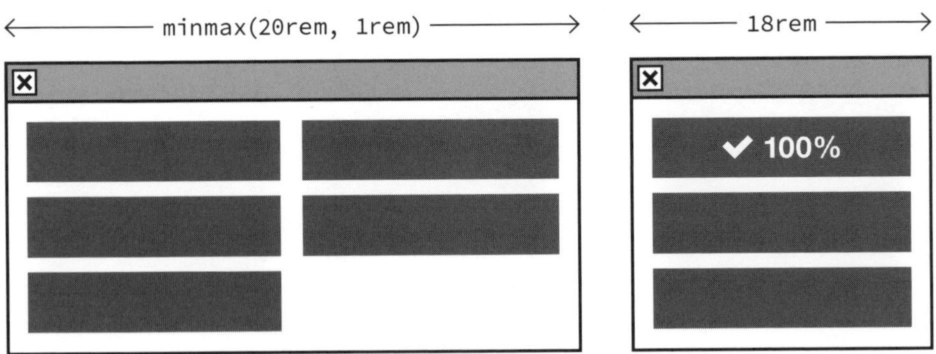

初期設定は次のように行います（コードは簡略化しています）。

```
<div class="grid" data-min="250px">
  <!-- ここに子要素を配置 -->
</div>

<script>
  const grid = document.querySelector('.grid');
  observeGrid(grid);
</script>
```

min()関数

ResizeObserverは、いくつかの状況では役に立つことがあるので取り上げていますが、グリッドの問題を解決するためにはもはや必須ではありません。というのも、多くのブラウザでサポートされるようになったCSSのmin()関数があるからです ※4。無駄足を踏ませてすみませんでしたが、このレイアウトはJavaScriptなしで実現できます。

まずはフォールバックとして、グリッドを1列に設定します。次に、@supportsを使用してmin()がサポートされているかを確認したうえで、エンハンスメント（強化）として上書きします。

```
.grid {
```

※4. CSS math functions min(), max() and clamp() | Can I use··· Support tables for HTML5, CSS3, etc ▶https://caniuse.com/css-math-functions

```
  display: grid;
  grid-gap: 1rem;
}

@supports (width: min(250px, 100%)) {
  .grid {
    grid-template-columns: repeat(auto-fit,
minmax(min(250px, 100%), 1fr));
  }
}
```

min()は、カンマで区切られた値のセットから「最も短い長さ」を計算します。この例で言えば、min(250px, 100%)では、250pxが100%よりも大きいと評価された場合に100%を返します。この小さく便利なアルゴリズムで、幅の上限を100%にしなければならない場面を判定できます。

> **<watched-box>**
>
> コンテナクエリ ※5 を使用したければ、筆者が作った<watched-box> ※6 を検討してみてください。わかりやすく、宣言的で、CSSのあらゆる長さの単位に対応しています。
>
> <watched-box>は、「マニュアルオーバーライド」として最後の手段にすることをおすすめします。ごく特殊な場合を除いて、本書で紹介している、純粋なCSSベースのレイアウトのいずれかで事足りるでしょう。プリミティブではコンテキストに応じたレイアウトを自動的に提供できます。

使い方

Gridは、リンクや商品を一覧するのに最適です。BoxとStackを併用すると、各コンテンツを扱うカードコンポーネントのコンポジションを簡単に作成できます。

※5. container-queries Archives | CSS-Tricks ▶ https://css-tricks.com/tag/container-queries/
※6. Heydon/watched-box - GitHub ▶ 筆者のヘイドン氏による、コンテナクエリに近い機能を実現できる、カスタム要素で実装されているライブラリです。 https://github.com/Heydon/watched-box

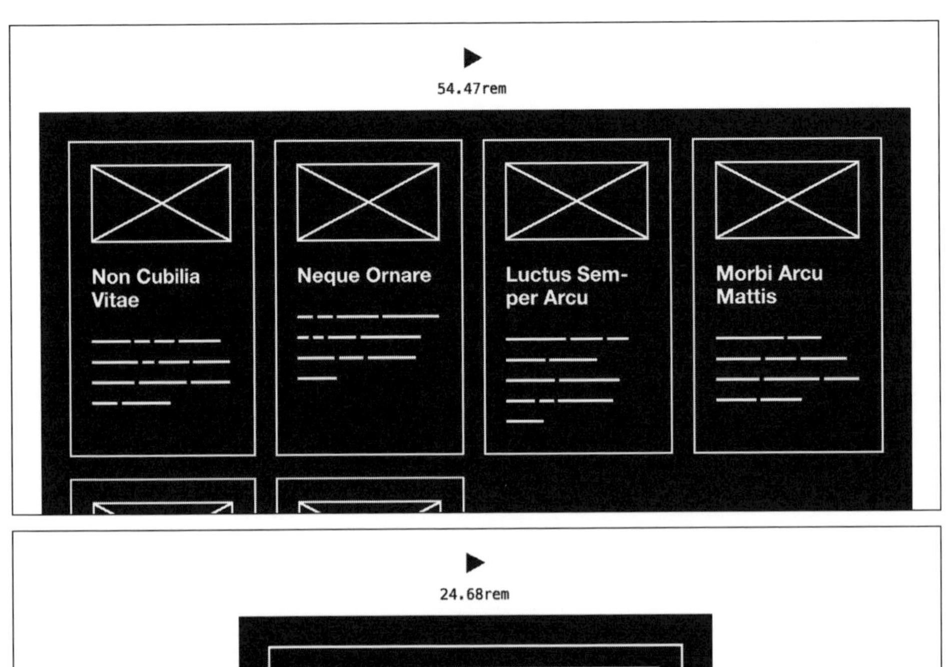

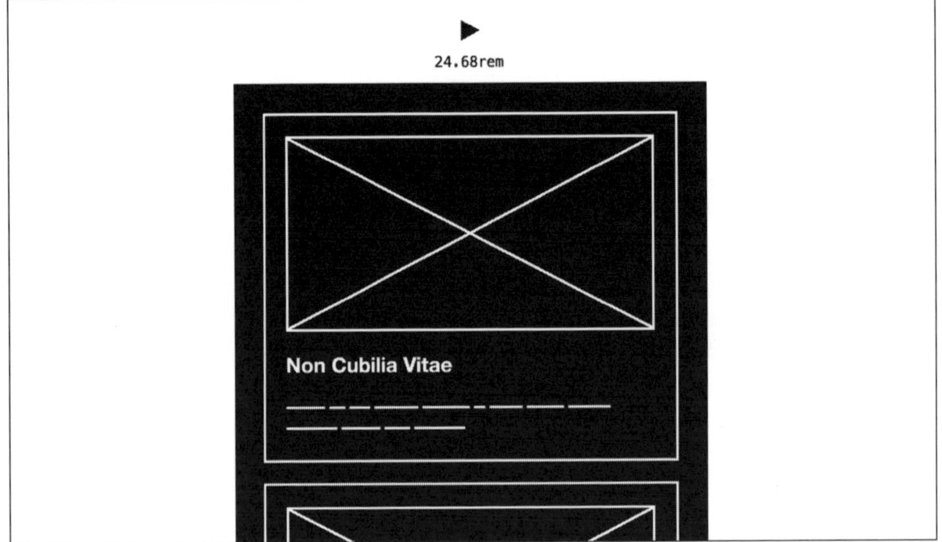

このインタラクティブなデモは、https://every-layout.dev/demos/grid-cards/でご覧になれます。

共通の高さ

幸いなことに、align-itemsのデフォルト値はstretchであるため、コンテンツにかかわらず各カードが同じ高さになります。カードのサイズにばらつきがあったり、高さが不揃いで不恰好な隙間ができてしまったりするのは好ましくないため、これは好都合です。

実装例

Gridレイアウトを実装するための完全なコード例を紹介します。

CSS

```
.grid {
  /* ↓ グリッドコンテキストを確立 */
  display: grid;
  /* ↓ グリッドアイテム間のガターを設定 */
  grid-gap: 1rem;
  /* ↓ カラムの最小幅を設定 */
  --minimum: 20ch;
}

@supports (width: min(var(--minimum), 100%)) {
  .grid {
    /* ↓ min()関数によって複数カラムになるように強化 */
    grid-template-columns: repeat(auto-fit,
minmax(min(var(--minimum), 100%), 1fr));
  }
}
```

暗黙的なシングルカラムレイアウト

強化ブロック（@supports）以外ではgrid-template-columnsが設定されていないことに注目してください。min()がサポートされていない限り、暗黙的にグリッドは1列になります。

HTML

```
<div class="grid">
  <div><!-- 子要素 --></div>
  <div><!-- 別の子要素 --></div>
  <div><!-- また別の子要素 --></div>
</div>
```

コンポーネント（カスタム要素）

カスタム要素によるGridの実装は、https://every-layout.dev/downloads/Grid.zipからダウンロードして利用できます。

PropsのAPI

次のprops（属性）が変更された場合には、Gridコンポーネントが再描画されます。変更するには、手動でブラウザの開発者ツールを使用することも、アプリケーションの状態に基づいて変化させることもできます。

名前	データ型	デフォルト値	説明
min	`string`	`"250px"`	`minmax(min(x, 100%), 1fr)`のxを表す、CSSの長さの値
space	`string`	`"var(--s1)"`	グリッドセルの間のスペース

例

■カード

「使い方」で紹介したカードの例です。minの値では、標準のカラム幅を割った値になっています。タイポグラフィにおけるカラム幅については、「基礎」の章の「公理」の節を参照してください。

```
<grid-l min="calc(var(--measure) / 3)">
```

```
  <box-l>
    <stack-l>
      <!-- カードのコンテンツ -->
    </stack-l>
  </box-l>
  <box-l>
    <stack-l>
      <!-- カードのコンテンツ -->
    </stack-l>
  </box-l>
  <box-l>
    <stack-l>
      <!-- カードのコンテンツ -->
    </stack-l>
  </box-l>
  <box-l>
    <stack-l>
      <!-- カードのコンテンツ -->
    </stack-l>
  </box-l>
  <!-- また別のコンテンツ -->
</grid-l>
```

問題

物事の中には、関係性として存在するものがあります。たとえば線は、2点間の関係性として存在します。ふたつの点がなければ線は存在し得ません。

こうした線を引くとき、あらかじめわからないこともあれば、確実にわかっていることもあります。わからないのは、それぞれの点がどこに現れるかです。これは私たちが制御できるものではないかもしれません。しかし、どこに点が現れようとも、それらの間に線を引けるということははっきりわかっています。

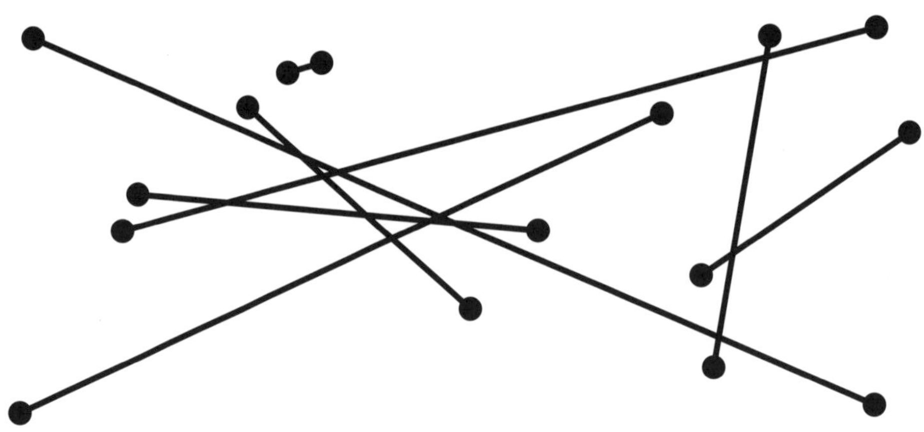

ランダムに配置された点のペアをつなぐと、ありふれたジェネレーティブアートのようになります。

点の位置が変わっても、それらの関係の性質は変わりません。変化の中に存在する定数を利用することで、動的なシステムを形成できるのです。

アスペクト比

アスペクト比は、特に画像を扱う場合によく用いられる定数のひとつです。画像の幅を高さで割ることで求められます。

16	16	16
16:9 (9)	16⁄9 (9)	1.777 (9)

<img />要素は置換要素[※1]です。この要素は、自身の指し示す外部ソースが読み込まれると、それと置き換えられます。

このソース（PNGやJPEG、SVGなどの画像ファイル）には、CSSの作成者は制御できない特性があります。アスペクト比はそのひとつで、画像が作成され、クロップ（切り抜き）された時点で決まります。

それら画像がコンテナからはみ出してしまうことを防ぐために、レスポンシブにしておきます。100%のmax-widthを適用します。

```
img {
  max-width: 100%;
}
```

グローバルなレスポンシブ画像

この基本的なレスポンシブの振る舞いは、すべての画像でデフォルトになっていたほうがよいので、特定の要素に限定されない要素型セレクタを使ってスタイルを適用しましょう。すべてのスタイルがコンポーネントに固有であるべきとは限りません。詳しくは、「グローバルスタイルとローカルスタイル」の節を参照してください。

これによって、画像の幅は次のいずれかになります。

- ファイルデータに基づく画像本来の幅
- コンテナ要素によって提供される水平方向のスペースの幅

※1. Replaced elements - CSS: Cascading Style Sheets | MDN ▶ https://developer.mozilla.org/en-US/docs/Web/CSS/Replaced_element

重要なのは、いずれの場合もアスペクト比によって高さが決まるということです。width: autoを記述した場合でも同様の振る舞いになりますが、仕様に準拠している最新のブラウザでは明示的にこれを宣言する必要はありません。

```
高さ == 幅 / アスペクト比
```

アスペクト比を画像ファイルに従ったものにするのではなく、独自に指定したい場合もあります。その際に、画像がつぶれたり歪んだりしないためには、画像を動的に再クロップするしかありません。object-fit: coverを宣言すると、画像自身のアスペクト比は維持されたまま、配置されるスペースに合わせてクロップされます。コンテナは、本来の画像の手前に置かれた窓となるのです。

汎用的な解決策として、特定のアスペクト比の矩形を作成し、その中に配置されるコンテンツの窓にできれば便利でしょう。

解決策

まず任意の要素に、幅と高さの値をハードコーディングすることなく、アスペクト比を指定する方法を見つける必要があります。つまり、コンテナが（置換後の）画像のようにアスペクト比を保ったまま伸縮されるようにするということです。

本書の執筆時点では、CSS Working Groupによって、x/nという値を指定するaspect-ratioプロパティ ※2 が提案されています。

```
.frame {
  aspect-ratio: 16/9;
}
```

※2. Designing An Aspect Ratio Unit For CSS - Smashing Magazine ▶ アスペクト比率の必要性と、仕様策定中のaspect-ratioプロパティについての解説です。 https://www.smashingmagazine.com/2019/03/aspect-ratio-unit-css/

しかし、まだ初期段階で、今のところこのプロパティを実装しているブラウザはありません。当面は、2009年に最初に紹介された内在的な比率の手法 ※3 に頼るほうがよいでしょう。この手法は、垂直方向のパディングはその要素の幅に相対するという仕様を応用したものです。たとえば、padding-bottom: 56.25%と指定すると、(高さが設定されていない) 空の要素の高さは「幅の16分の9」となり、16:9のアスペクト比になります。56.25%は、9 (高さ) を16 (幅) で割ることで求められます。これはアスペクト比そのものを計算する方法の逆です。

監訳者注

日本語版の出版時点では、Google Chrome 88のほか、Firefox 89、またSafari 15のベータ版からaspect-ratio**プロパティがサポートされています。**

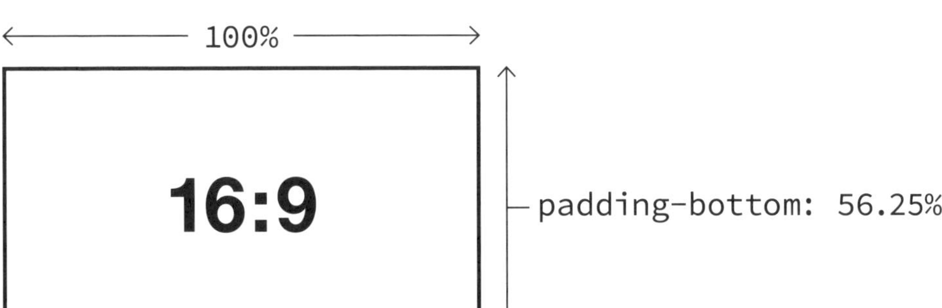

カスタムプロパティとcalc()を使用して、式の左 (分子のn) と右 (分母のd) に任意の値を受け取るインターフェイスを作成できます。

```
.frame {
  padding-bottom: calc(var(--n) / var(--d) * 100%);
}
```

class="frame"がブロックレベル要素 (<div>など。「ボックス」の節を参照) であれば、その幅は自動的に親要素の幅と同じになります。要素の幅の値が何であれ、それに9/16を掛けた値が高さとなります。

※3. Creating Intrinsic Ratios for Video - A List Apart ▶ https://alistapart.com/article/creating-intrinsic-ratios-for-video/

コンテンツの配置

要素の中に追加されたコンテンツは今のところ、視覚的には、意図した高さを構成している下部のパディングの上部に配置されるようになっています。まずコンテンツがあり、その下にパディングによる大きな隙間ができてしまい、本来の狙いとは異なる結果になります。

代わりに、位置指定を使用して、パディングの領域の上に要素を重ねて配置しましょう。

```
.frame {
  --n: 9; /* 高さ */
  --d: 16; /* 幅 */
  padding-bottom: calc(var(--n) / var(--d) * 100%);
  position: relative;
}

.frame > * {
  overflow: hidden;
  position: absolute;
  top: 0;
  right: 0;
  bottom: 0;
  left: 0;
}
```

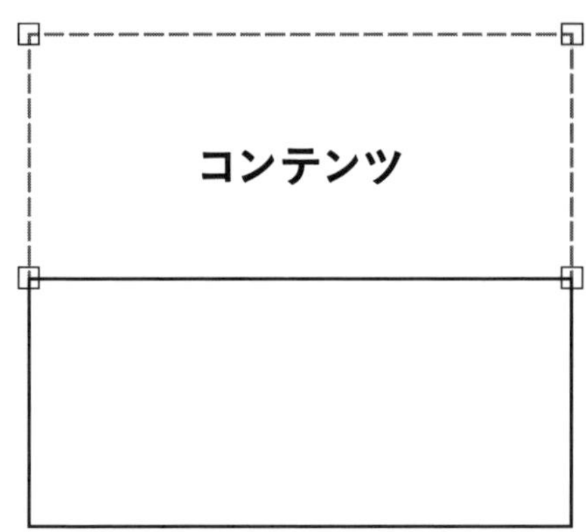

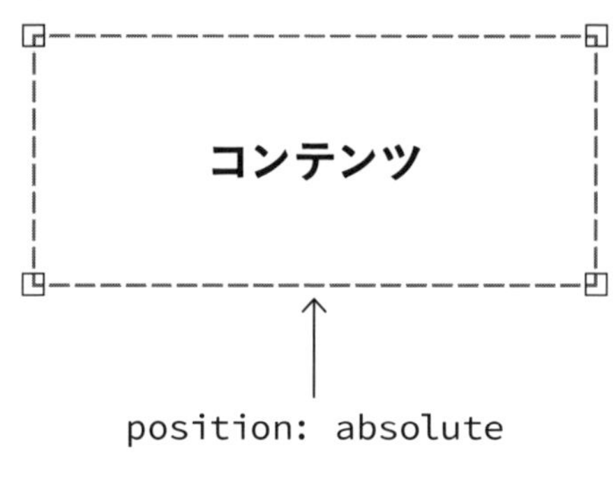

⚠ 絶対配置に注意

position: absoluteを指定すると、その要素はドキュメントの本来のフローから除外されます。まるでその周りの要素が存在しないかのようにレイアウトされるのです。ほとんどの場合、これは非常に望ましくないことで、コンテンツ同士が重なったり見づらくなったりといった問題を引き起こしやすくなります。

このレイアウトでは、統制された方法で絶対配置を使用して、親要素の四隅に子要素を固定しています。また、クロップされることを想定して、全体を表示する必要があるコンテンツは「フレーム」の中に含めないようにしてください。

クロップ（切り抜き）

では、クロップはどのように行うのでしょうか？ <img />や<video />といった置換要素の場合は、幅と高さを100%にして、object-fit: coverを指定するだけです。

```
.frame > img,
.frame > video {
  width: 100%;
  height: 100%;
  object-fit: cover;
}
```

クロップの位置

デフォルトでは、object-fitプロパティに付随するobject-positionプロパティの値は50% 50%になっています。メディアは中心点を基準にクロップされるということです。多くの場合では、これが最も望ましいクロップ位置でしょう（画像の中央付近が注目すべき点であることがほとんどであるため）。しかし、object-positionを自由に調整できることも覚えておくとよいでしょう。

object-fitプロパティは、置換要素でない通常の要素向けには設計されていないため、そうした要素を処理するためには何か別の対応が必要となります。幸いなことに、フレックスボックスによる中央揃えにも同様の効果があります。フレックスボックスは置換要素のレイアウトには影響しないため、*セレクタを使用して問題なく全要素にすべてのスタイルを追加できます。

```
.frame {
  --n: 9; /* 高さ */
  --d: 16; /* 幅 */
  padding-bottom: calc(var(--n) / var(--d) * 100%);
  position: relative;
}

.frame > * {
  overflow: hidden;
  position: absolute;
  top: 0;
  right: 0;
  bottom: 0;
  left: 0;
  display: flex;
  justify-content: center;
  align-items: center;
}

.frame > img,
.frame > video {
  width: 100%;
  height: 100%;
  object-fit: cover;
}
```

これで、Frameの中心に単純な要素を配置すると、Frameよりも高さや幅が大きい部分はクロップされるようになりました。配置する要素のコンテンツの高さが親のFrameよりも大きくなる場合は、上部と下部がクロップされます。インラインコンテンツの場合は折り返しが発生するため、特定の幅を設定しなければ左右がクロップされないこともあります。コンテキストにかかわらず、かつあらゆる拡大レベルでクロップを行うためには、配置する要素へ%ベースの値を設定するとよいでしょう。

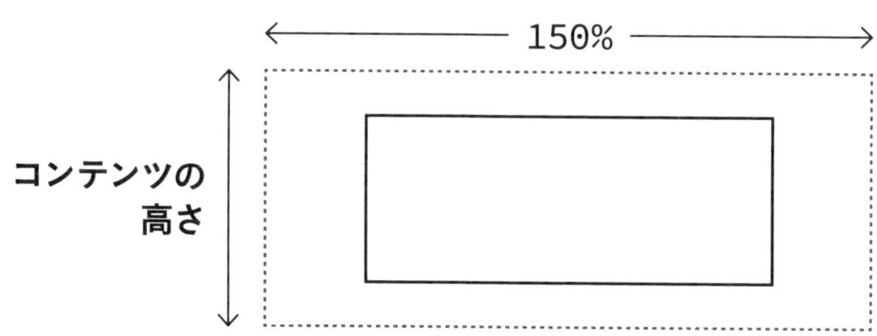

⚠ 背景画像

親要素の形状を覆うように画像をクロップするもうひとつの方法は、その画像を背景画像として使用し、background-size: coverを適用することです。この実装では、画像を「コンテンツ」として扱い、代替テキスト※4 付きで提供することを前提とします。

背景画像は、代替テキストを直接は受け取れません✎。また、ユーザーがハイコントラストモードやハイコントラストテーマを使用している場合、背景画像が削除されてしまう可能性があります。アクセシビリティの観点から、通常は<img />要素を使って「本物の画像」を提供することをおすすめします。

✎監訳者注

<img />要素の場合、代替テキストのためのalt属性が用意されています。
一方、背景画像を使用する場合、スクリーンリーダーのユーザーにとって
代替テキストに相当する情報を提供するには、

```
<div role="img" aria-label="代替テキスト"
style="background-image: url('...')">
```

のようなマークアップが必要となります。そして厳密には、
この方法では本来の<img />要素のalt属性の機能を完全にはカバーできません。

※4. WebAIM: Alternative Text ▶代替テキストの記述方法についての解説です。https://webaim.org/techniques/alttext/

使い方

Frameの主な用途は、メディア（動画や画像）が指定したアスペクト比になるようにクロップすることです。いったんアスペクト比を制御できるようにしさえすれば、状況に応じた比率の調整も可能です。たとえば、ビューポートの向きに応じて画像に異なるアスペクト比を設定できます。

これを実現するには、ビューポートの向きのメディアクエリを使用してカスタムプロパティの値を変更します。次の例では、垂直方向のスペースに比較的余裕がある場合には、Frame要素を（16:9の横長ではなく）正方形にしています。

```
@media (orientation: portrait) {
  .frame {
    --n: 1;
    --d: 1;
  }
}
```

フレックスボックスを使用すると、画像の作成に利用される場合もある<canvas>要素も含め、あらゆる種類のHTML要素を指定したアスペクト比にクロップできます。カード風のコンポーネントのリストに、それぞれ画像や（画像が利用できない場合のために）フォールバックテキストを含めることもできます。

このインタラクティブなデモは、https://every-layout.dev/demos/frames-in-cards/でご覧になれます。

実装例

Frameレイアウトを実装するための完全なコード例を紹介します。

CSS

--n（分子）と--d（分母）の値を好きな値に置き換えて、アスペクト比を設定します。

```
.frame {
  --n: 9; /* 高さ */
  --d: 16; /* 幅 */
  padding-bottom: calc(var(--n) / var(--d) * 100%);
  position: relative;
}

.frame > * {
  overflow: hidden;
  position: absolute;
  top: 0;
  right: 0;
  bottom: 0;
  left: 0;
  display: flex;
  justify-content: center;
  align-items: center;
}

.frame > img,
.frame > video {
  width: 100%;
```

```
  height: 100%;
  object-fit: cover;
}
```

HTML

次の例では画像を使用しています。子要素は、置換要素かどうかにはかかわらずひとつだけにする必要があります。

```
<div class="frame">
  <img src="/path/to/image" alt="画像の説明">
</div>
```

コンポーネント(カスタム要素)

カスタム要素によるFrameの実装は、https://every-layout.dev/downloads/Frame.zipからダウンロードして利用できます。

PropsのAPI

次のprops(属性)が変更された場合には、Frameコンポーネントが再描画されます。変更するには、手動でブラウザの開発者ツールを使用することも、アプリケーションの状態に基づいて変化させることもできます。

名前	データ型	デフォルト値	説明
ratio	string	"16:9"	要素のアスペクト比

例

■画像フレーム

カスタム要素は、ratioの式として4:3(デフォルトは16:9)などの値を受け取ります。

```
<frame-l ratio="4:3">
  <img src="/path/to/image" alt="画像の説明" />
</frame-l>
```

問題

シーケンサーで音楽を作るとき、トラックの長さは作業が完了するまでわかりません。筆者の使うシーケンスソフトウェアではそれが考慮されているので、小節を追加するのに応じて演奏時間が用意されるようになっています。ミュージックシーケンサーで動的に時間が用意されるのと同じように、Webページでも動的にスペースが用意されます。もし、すべての曲が4分26秒でなければならなかったり、すべてのWebページの高さが768pxでなければならなかったりしたとすれば、制限の度が過ぎるというものでしょう。

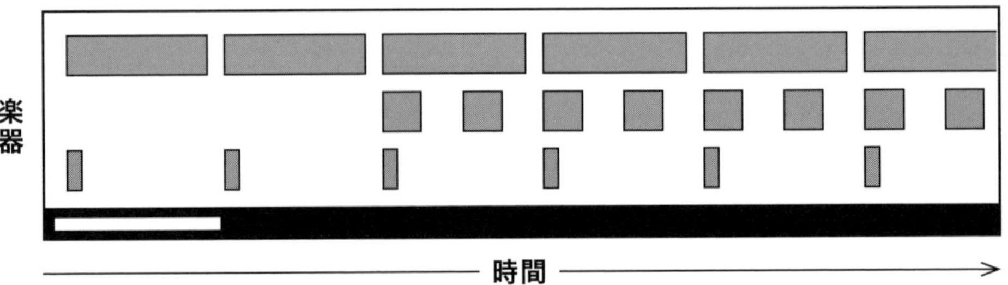

固定されたビューポートの中で、提供されたスペースを探索できる仕組みは、「スクロール」と呼ばれます。これが無ければ、あらゆる端末は常に同じサイズ、形状、倍率でなければならなくなります。そのような決まったスペースに向けてコンテンツを記述しようとすれば、俳句のような形式主義的なゲームになってしまいます。Webコンテンツを記述するときに、スペースについて気にせずに済んでいるのはスクロールのおかげです。印刷媒体ではこうはいきません。

CSSの`writing-mode`で最も一般的なのは`horizontal-tb`でしょう。このモードでは、テキストおよびインライン要素は水平方向に進み（英語のように左から右になる場合と、逆に右から左になる場合があります）、ブロック要素は上から下へと流れます（これが`tb`の部分です）。テキストおよびインライン要素は折り返すようになっており、水平方向のスクロールのきっかけとなる水平方向のはみ出しはたいてい回避されます。コンテンツが外側に出ることは許可されていないため、代わりに下向きに伸びていくのです。ブロック要素は垂直方向に並ぶので、それに伴って垂直方向のスクロールが必要となります。

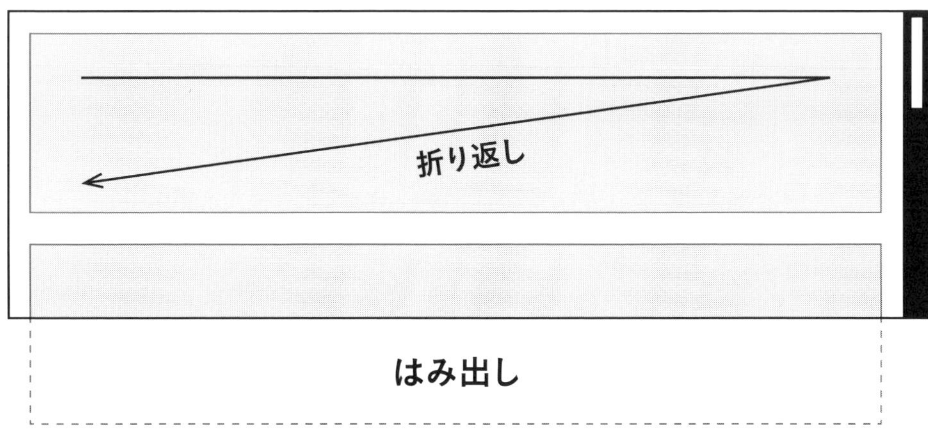

欧米人をはじめとするhorizontal-tbモードに慣れ親しんだ読み手にとって、垂直方向のスクロールは慣習に則った期待通りの動作です。すべてのコンテンツを見るためにページを垂直方向にスクロールする必要があったとしても、特におかしいと感じることはありません。これに対して、水平方向のスクロールは期待に反するだけでなく、使い勝手にも影響します。コンテンツが書字方向に沿ってはみ出してしまえば、続くテキストを読むためには都度スクロールしなければなりません。

しかし、horizontal-tbモードにおいて、水平方向のスクロールがまったく許容されないというわけではありません。垂直方向にスクロールするページ内で水平方向にスクロールするセクションでも、慎重かつ明快な形で実装できさえすれば、使い勝手よくコンテンツを閲覧できるようになります。たとえば動画のストリーミングサービスでは、コンテンツのカテゴリを垂直方向に、番組を水平方向に一覧表示することがよくあります。ここで極力避けたいのは、要素を縦横の双方向にスクロールさせることです。これは、WCAGの「達成基準 1.4.10 リフロー」では不適合とみなされます。

監訳者注

達成基準 1.4.10: リフローを理解する ▶ https://waic.jp/docs/WCAG21/Understanding/reflow.html

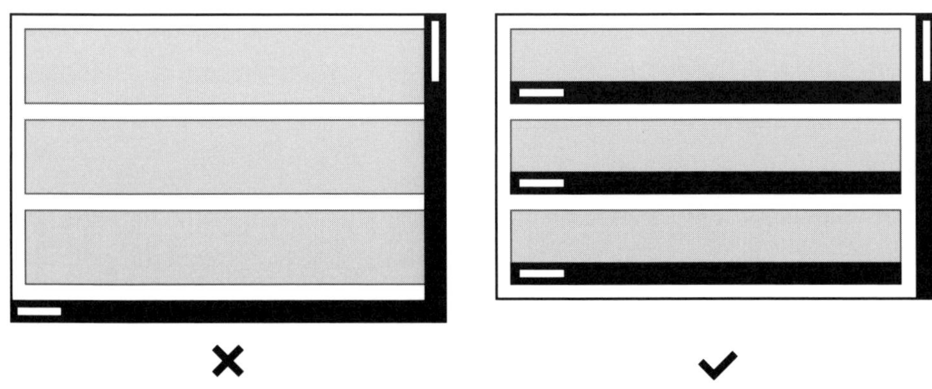

筆者は、BBC🖉向けにアクセシブルな「カルーセル」コンポーネント※1を作成しました。このコンポーネントでは、閲覧のための機能を完全にJavaScriptに委ねるのではなく、コンテンツのはみ出しに伴うネイティブのスクロールを使用するだけです。コンポーネントに付随するボタンでスクロール位置を操作できるようになってはいますが、プログレッシブエンハンスメントで提供されます。Every LayoutのReelもこれに似ていますが、JavaScriptは使用せずに、ブラウザの標準的なスクロール動作のみを利用します。

🖉監訳者注
イギリスの公共放送局です。著者であるヘイドン氏のクライアントです。

解決策

「Cluster」の節で述べたように、ブロックのフロー方向を変更するのに効率的な方法はフレックスボックスコンテキストを作成することです。要素に`display: flex`を適用することで、その子要素の進行方向は（書字方向がデフォルトのLTR、つまり左から右になっていれば）下向きから右向きに切り替わります。

併せて使用されることの多い`flex-wrap: wrap`の宣言を省略することで、要素が1行に並ぶようになります。そのコンテンツの行の幅が親要素を超えて広がる場合には、はみ出して配置されます。デフォルトでは、その結果ページ自体に水平方向のスクロールが生じます。しかし、実際にスクロールが必要なのはフレックスボックスのコンテンツのみなので、これは望ましくありません。他の部分はそのままになっていたほうがよいでしょう。そこで代わりに、フレックス要素に`overflow: auto`を適用します。すると、はみ出しが実際に発生した箇所でのみ、その要素内をスクロールできるようになります。

※1. **GEL | Carousels**▶https://bbc.github.io/gel/components/carousels/

```
.reel {
  display: flex;
  /* ↓ 必要なのは水平方向のスクロールのみ */
  overflow-x: auto;
}
```

スクロールできることを示す見た目の作成や、スペースの調整の問題もありますが、これがレイアウトの基礎的な仕組みです。ブラウザの標準的な動作を利用しているため、一般的なカルーセルあるいはスライダーのjQueryプラグインとは大きく違い、堅牢かつコードも非常に簡潔になります。

スクロールバー

スクロールはマルチモーダルな（複数の手段をもつ）機能です。スクロールするには様々な方法があり、自分に合ったものを選択できます。タッチやトラックパッドジェスチャー、矢印キーの入力はより直観的ですが、一方、特に長年のデスクトップユーザーにとってはスクロールバー自体をドラッグする、またはクリックする操作は馴染み深いものでしょう。スクロールバーが目に見えることには次のふたつの利点があります。

1. スクロールバーのハンドル（つまみ）をドラッグすることでスクロールできる
2. スクロールバーや他の方法を用いてスクロール可能であることを明示できる

OSやブラウザによっては、デフォルトではスクロールバーが非表示になりますが、CSSで表示させる方法もあります。WebkitおよびBlinkベースのブラウザでは、次のプリフィックス付きのプロパティを使用して実現できます。

```
::-webkit-scrollbar {
}
::-webkit-scrollbar-button {
}
::-webkit-scrollbar-track {
}
::-webkit-scrollbar-track-piece {
}
::-webkit-scrollbar-thumb {
}
::-webkit-scrollbar-corner {
}
::-webkit-resizer {
}
```

Firefoxでは（バージョン64の時点では）、標準化されているscrollbar-colorとscrollbar-widthプロパティを使用する場合に限って、スクロールバーにスタイルを設定できます。ただしscrollbar-colorの設定は、macOSにおいては「スクロールバーの表示」が「常に表示」に設定されている場合のみ有効であることに注意してください（「システム環境設定」→「一般」から設定できます）。

スクロールバーの色の設定は美観の問題であるため、Every Layoutで取り扱う対象外です。しかし、スクロールバーであることを視覚的に明白にするのは重要です。次の白黒のスタイルは、Every Layout独自の美観に合わせて選択したものです。お好みに調整してください。

```
.reel {
  display: flex;
  /* ↓ 必要なのは水平方向のスクロールのみ */
  overflow-x: auto;
  /* ↓ 1番目の値がつまみ、2番目の値がトラック（色変数は別途設定のこと） */
  scrollbar-color: var(--color-light) var(--color-dark);
}
```

```
.reel::-webkit-scrollbar {
  height: 1rem;
}

.reel::-webkit-scrollbar-track {
  background-color: var(--color-dark);
}

.reel::-webkit-scrollbar-thumb {
  background-color: var(--color-dark);
  background-image: linear-gradient(
    var(--color-dark) 0,
    var(--color-dark) 0.25rem,
    var(--color-light) 0.25rem,
    var(--color-light) 0.75rem,
    var(--color-dark) 0.75rem
  );
}
```

これらの独自の擬似要素は、すべてのプロパティに対応しているわけではありません。そのため、つまみを視覚的に表現するにはマージンやボーダーを使うのではなく、linear-gradientを使用して中央に横縞の模様を描くことになります。

黒から白、そして白から黒になる linear-gradient

高さ

Reelの高さはどのくらいにすべきでしょうか？　少なくとも、ビューポートよりも低くして、Reel全体が見えるようにすべきでしょう。しかし、そもそも高さの設定が必要かというとおそらく不要でしょう。「必要なだけの高さ」にすることが最適解であり、これは「コンテンツ」の高さによって決まります。

次のデモでは、Reel要素の中に複数のカードコンポーネントが含まれています。Reelの高さの基準になっているのは、最も高いカード、つまり最も多くのコンテンツを持つカードです。各カードの中で使用しているStackには`splitAfter="2"`を設定しているため、その中身の最後の要素がスペースの一番下に配置されていることに注目してください。

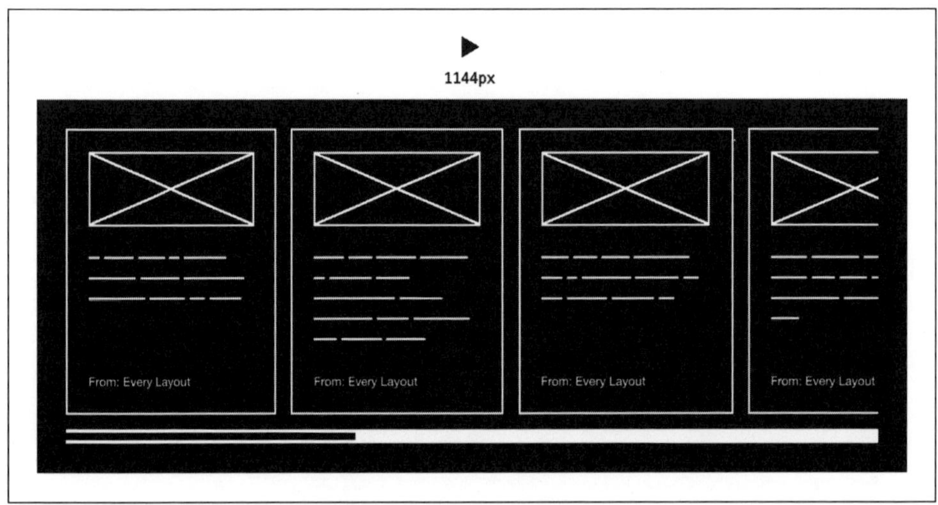

このインタラクティブなデモは、https://every-layout.dev/demos/reel-cards/でご覧になれます。

配置するのが画像の場合には、非常に大きくなったり、アスペクト比が異なっていたりする可能性があるため、Reelに高さを設定することをおすすめします。画像には共通で、`height`は`100%`、`width`は`auto`にします。これによって、画像のアスペクト比を維持したまま同じ高さに揃えられます。

```
.reel {
  height: 50vh;
}

.reel > img {
  height: 100%;
```

```
  width: auto;
}
```

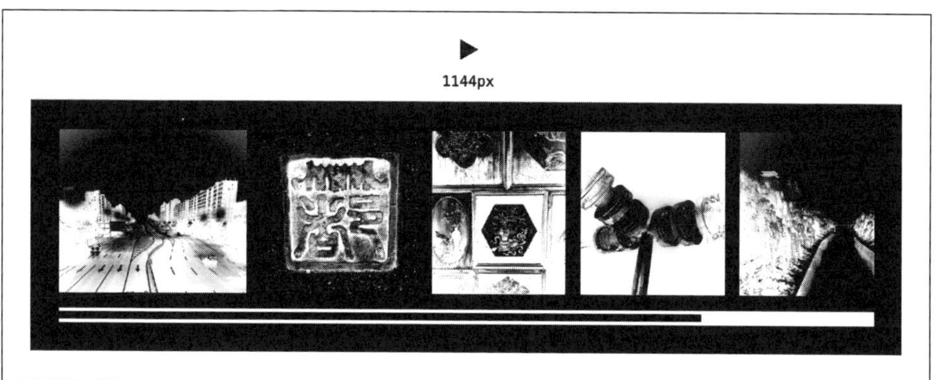

このインタラクティブなデモは、https://every-layout.dev/demos/reel-images/でご覧になれます。

子セレクタか子孫セレクタか

`.reel img`ではなく、`.reel > img`が使用されていることに注目してください。レイアウトを操作したいのは、画像がReelの子要素である場合のみです。>子結合子を使用しているのはそのためです。

スペースの設定

子要素間にスペースを設けることは思いの外複雑です。次の例では、スペースの状態がわかりやすくなるように、Reelの周辺にボーダーを適用しています。

子要素間にスペースを追加するには、最近まで、マージンと隣接兄弟結合子を使用する必要がありました。

```
.reel > * + * {
  margin-left: var(--s1);
}
```

この例ではフレックスボックスコンテキストを使用しているため、親要素にgapプロパティを適用することもできます。

```
.reel {
  gap: var(--s1);
}
```

gapの主な利点は、要素が折り返された際、意図しない位置にマージンが空いてしまわないようにできることです。Reelのコンテンツは折り返されるように設計されていないので、代わりにmarginを使用した解決策を採用します。このほうがより広くサポートされています。

子要素の周り（子要素間および親要素の.reel要素との間）にスペースを追加するのは厄介な仕事です。残念なことに、パディングではスクロールに関して予期しない相互作用が発生します※2。次のように、右側にはまったくパディングが存在しないかのような結果になってしまうのです。

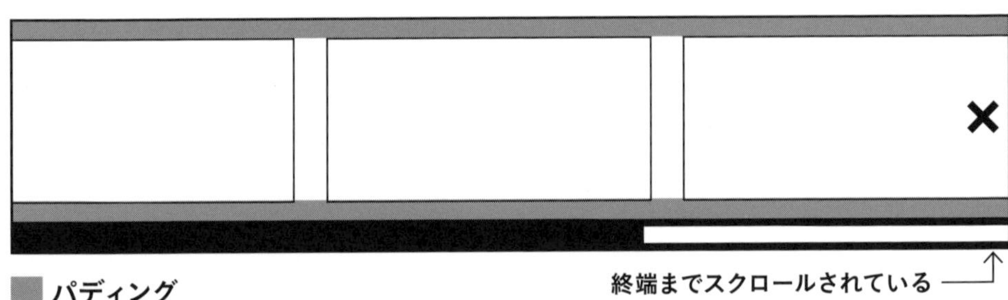

そこで、子要素の周りにスペースを設定したい場合は別のアプローチを取ります。右端の子要素を除くすべての子要素にマージンを追加し、加えて、擬似コンテンツを使用して最後の子としてスペースを挿入します。

```
.reel {
  border-width: var(--border-thin);
}

.reel > * {
  margin: var(--s0);
```

※2. scrolling (overflow) and padding ▶https://www.brunildo.org/test/overscrollback.html

```
  margin-right: 0;
}

.reel::after {
  content: '';
  flex-basis: var(--s0);
  /* ↓ デフォルトが1であるため上書きする必要がある */
  flex-shrink: 0;
}
```

⚠ ボーダースタイルのカスケード

ここではボーダーの幅のみを適用しており、ボーダーの色やスタイルは適用していません。このボーダーを有効にするには、`border-style`も一緒に適用されている必要があります。Every Layoutサイトで使用しているスタイルシートでは、全体に対して`border-style`が適用されているので、ボーダーを使用する際には`border-width`を考慮するだけでほとんどの場合は十分です。

```
*,
*::before,
*::after {
 border-style: solid;
 /* ↓ 0をデフォルトにする */
 border-width: 0;
}
```

擬似コンテンツ

この節で紹介する実装では、Reel要素自体にはパディングを適用しないことを前提としています。したがって、`.reel > * + *`を使用するアプローチで十分です。

その場合、スクロールバーが表示されるときには、子要素とスクロールバーの間のスペースを設定する必要があります。これは、親要素（ここでは`class="reel"`）の下部にパディングを追加すれば解決すると思われるかもしれません。しかし問題は、Reelのコンテンツがはみ出していない場合にはスクロールバーが表示されないので、追加されたパディングが余計なものになってしまうことです。

理想的には、要素のはみ出しであったりスクロール可能であることを示す擬似クラスがあれば便利です。そうすれば、状態に応じてパディングを追加できます。現在、ひとつのアイデアとして`:overflowed-content`擬似クラス ※3 が提案されています。しかし、今のところは、簡単なJavaScriptと`ResizeObserver`を使って、パディングを追加したり削除したりすることにしましょう。これはもともと、プログレッシブエンハンスメントの手法です。JavaScriptが使用できない場合や`ResizeObserver`がサポートされていなかった場合には、子要素とスクロールバーの間にはスペースが無いままになりますが、大きな問題ではありません。

```
const reels = Array.from(
  document.querySelectorAll('.reel')
);
const toggleOverflowClass = elem => {
  elem.classList.toggle(
    'overflowing',
    elem.scrollWidth > elem.clientWidth
  );
}

for (let reel of reels) {
  if ('ResizeObserver' in window) {
    new ResizeObserver(entries => {
      toggleOverflowClass(entries[0].target);
    }).observe(reel);
```

※3. [selectors-5] Proposal for pseudo-selector :overflowed-content - Issue #2011 - w3c/csswg-drafts - GitHub ▶ https://github.com/w3c/csswg-drafts/issues/2011

```
  }
}
```

オブザーバーのコールバックとして、ReelのscrollWidthとclientWidthを比較します。scrollWidthのほうが大きければ、overflowingクラスを追加します。

```
.reel.overflowing {
  padding-bottom: var(--s0);
}
```

クラスの連結

ここでreelクラスとoverflowingクラスが連結されていることに注目してください。こうすると、overflowingのスタイルがReelコンポーネントにのみ適用されるという点で好都合です。つまり、overflowingクラスを受け取る可能性のある他の要素やコンポーネントに意図せず適用されてしまうことを避けられます。

一方、たとえばreel--overflowingのように、コンポーネントに付随するクラスにコンポーネント名をプリフィックスとして付けるなど、冗長な名前空間を使用してスタイルを局所化する開発者もいます。しかし、意図的なクラスの連結を用いて指定したほうが冗長にならず、より洗練されています。

まだ完成ではありません。最後に、Reelから子要素が動的に削除された場合に対応する必要があります。というのも、それがscrollWidthにも影響するからです。MutationObserverを追加してchildListを監視し、クラスの切り替え関数を使用するようにしましょう。MutationObserverは、ほとんどのブラウザでサポートされています[※4]。

```
const reels = Array.from(
  document.querySelectorAll('.reel')
);
const toggleOverflowClass = elem => {
```

※4. Mutation Observer | Can I use... Support tables for HTML5, CSS3, etc ▶https://caniuse.com/mutationobserver

```
  elem.classList.toggle(
    'overflowing',
    elem.scrollWidth > elem.clientWidth
  );
};


for (let reel of reels) {
  if ('ResizeObserver' in window) {
    new ResizeObserver(entries => {
      toggleOverflowClass(entries[0].target);
    }).observe(reel);
  }

  if ('MutationObserver' in window) {
    new MutationObserver(entries => {
      toggleOverflowClass(entries[0].target);
    }).observe(reel, {childList: true});
  }
}
```

ちょっとしたパディングを追加したり削除したりするためだけにここまでするのは、少しやり過ぎかもしれません。しかしこれらのオブザーバーは、スタイル設定以外に他のエンハンスメントのためにも使用できます。たとえば、はみ出しが発生するスクロール可能なReelにtabindex="0"属性を設定できれば、キーボードユーザーにとって有益になります。要素がキーボードでフォーカス可能になり、矢印キーを使用してスクロールできるようになるからです。一方、子要素自体がそれぞれフォーカス可能になっているか、あるいはフォーカス可能なコンテンツが含まれている場合には、属性の設定は不要です。要素にフォーカスした際に、自動的にその要素が見える位置までスクロールされるからです。

使い方

Reelは、カルーセルやスライダーコンポーネントが抱える問題に対処するための、堅牢で効果的なレイアウトです。すでに述べたように、これは映画や商品、ニュースに写真といったもののカテゴリのコンテンツを一覧するのに理想的です。

さらに、ボタンで展開するメニューに代わるものとしても使用できます。ブラッドリー・トーント（Bradley Taunt）が「ソーセージリンク ※5」と呼ぶパターンは、多くの人にとってハンバーガーメニューよりも使いやすいものでしょう。しかしこの例のような場合では、目に見えるスクロールバーはやや過剰なものに感じられます。そのためカスタム要素の実装では、booleanのnoBar propを含めています。

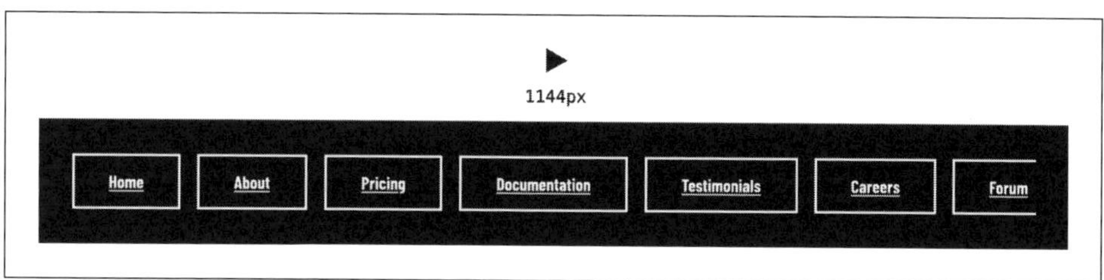

このインタラクティブなデモは、https://every-layout.dev/demos/reel-links/でご覧になれます。

もちろん、リンクがソーセージのような形でなくてもかまいません！　ただ語源として残っているだけです。ひとつ注意しなければならないのは、スクロールバーが無いためにスクロールができないように見えるかもしれないことです。一番右側に表示されている子要素が見切れていれば、要素がはみ出していてスクロールできるということが明白になるでしょう。見切れていなければ、すべての要素がすでに表示されているように見えてしまいます。

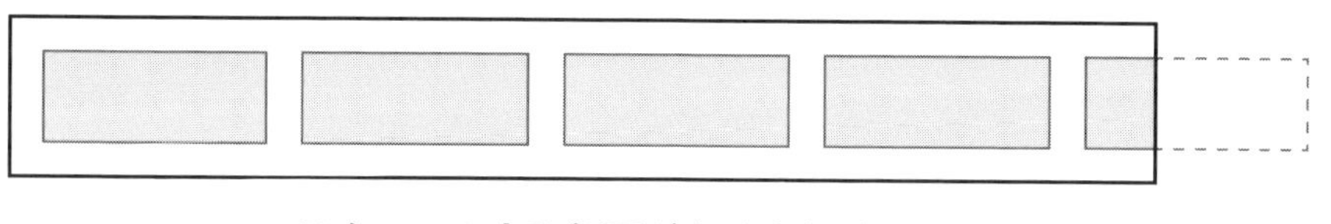

スクロールする必要があるようだ

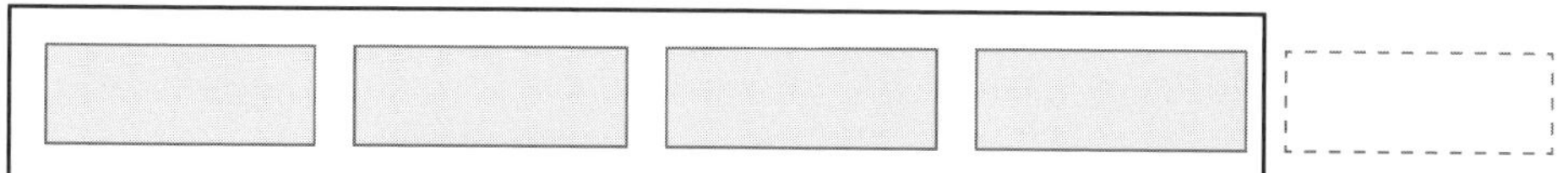

すべて表示されているようだ

※5. Using Hamburger Menus? Try Sausage Links | Ugly Duck ▶ https://uglyduck.ca/hamburger-menu-alternative/

「すべて表示されているようだ」と認識されてしまう可能性を減らすには、要素にある種の幅を指定するのを避けるようにしてください。要素に25%(4分の1)や33.333%(3分の1)といったパーセンテージの幅を指定すると、スペース内にぴったり収まってしまうため、問題になります(少なくとも要素間のスペースが設定されていない場合には)。

また、スクロールの可否を他の方法で示すこともできます。たとえば、オブザーバーのoverflowingクラスを利用すると、テキストによる使い方(「スクロールでさらに表示」など)を表示できます。

```
.reel.overflowing + .instruction {
  display: block;
}
```

ただしこれでは、そのときのスクロール位置に応じた表示になりません。必要に応じて、要素が始点か終点までスクロールされたことを検知し、それによってstartクラスかendクラスを追加するようなスクリプトを記述してもよいでしょう。また、リー・ヴェロウ(Lea Verou)によって、画像(CSSグラデーションも含む)とCSSだけでこれと同じような処理を実現する革新的な方法も考案されています※6。まず、影になる背景画像にbackground-attatchment: scrollを設定して、スクロール可能な要素の始点か終点に背景画像がとどまるようにします。そして、その影を隠すための背景画像にはbackground-attachment: localを設定して、コンテンツと一緒にスクロールされるようにします。すると、スクロール可能な領域の始点か終点にユーザーが到達したときに、影の上に影を隠すための背景画像が覆い被さるようになります。

これらの考慮事項は、厳密には、レイアウトよりもユーザーとのコミュニケーションに関係しています。しかし、使い勝手を向上させるためにはさらに探究する価値があるでしょう。

実装例

Reelレイアウトを実装するための完全なコード例を紹介します。ResizeObserverのスクリプトも含めることをおすすめします。ここでは、即時実行関数式(IIFE)として

※6. **Pure CSS scrolling shadows with background-attachment: local - Lea Verou** ▶ https://lea.verou.me/2012/04/background-attachment-local

実装されたバージョンを紹介します。

HTML

```
<div class="reel">
  <div><!-- 子要素 --></div>
  <div><!-- 子要素--></div>
  <div><!-- 子要素 --></div>
  <div><!-- 子要素 --></div>
</div>
```

CSS

```
.reel {
  /* ↓ 調整しやすくするためのカスタムプロパティ */
  --space: 1rem;
  --color-light: #fff;
  --color-dark: #000;
  --reel-height: auto;
  --item-width: 25ch;
  display: flex;
  height: var(--reel-height);
  /* ↓ はみ出しの設定 */
  overflow-x: auto;
  overflow-y: hidden;
  /* ↓ Firefox用 */
  scrollbar-color: var(--color-light) var(--color-dark);
}

.reel::-webkit-scrollbar {
  /*
  ↓ 代わりに、スクロールバーの高さを変数にすることもできます。
  これは演習として残しておきます。(linear-gradientのことも忘れずに!)
  */
```

```
  height: 1rem;
}

.reel::-webkit-scrollbar-track {
  background-color: var(--color-dark);
}

.reel::-webkit-scrollbar-thumb {
  background-color: var(--color-dark);
  /* ↓ 線形グラデーションによって黒いバーの中に白いつまみを挿入する */
  background-image: linear-gradient(
    var(--color-dark) 0,
    var(--color-dark) 0.25rem,
    var(--color-light) 0.25rem,
    var(--color-light) 0.75rem,
    var(--color-dark) 0.75rem
  );
}

.reel > * {
  /*
  ↓ デフォルトではflex-shrink: 1が適用されているため
  widthの宣言だけではうまく機能しない
  */
  flex: 0 0 var(--item-width);
}

.reel > img {
  /* ↓ 画像のリセット */
  height: 100%;
  flex-basis: auto;
  width: auto;
}
```

```
.reel > * + * {
  margin-left: var(--space);
}

.reel.overflowing:not(.no-bar) {
  /* ↓ スクロールバーがある場合にのみ適用（JavaScriptを参照） */
  padding-bottom: var(--space);
}

/* ↓ no-barクラスでスクロールバーを削除 */
.reel.no-bar {
  scrollbar-width: none;
}

.reel.no-bar::-webkit-scrollbar {
  display: none;
}
```


JavaScript

次の即時実行関数式（IIFE）で動作します。

```
(function() {
  const className = 'reel';
  const reels = Array.from(
    document.querySelectorAll(`.${className}`)
  );
  const toggleOverflowClass = elem => {
    elem.classList.toggle(
      'overflowing',
      elem.scrollWidth > elem.clientWidth
    );
```

```
  }

  for (let reel of reels) {
    if ('ResizeObserver' in window) {
      new ResizeObserver(entries => {
        for (let entry of entries) {
          toggleOverflowClass(entry.target);
        }
      }).observe(reel);
    }

    if ('MutationObserver' in window) {
      new MutationObserver(entries => {
        for (let entry of entries) {
          toggleOverflowClass(entry.target);
        }
      }).observe(reel, {childList: true});
    }
  }
})();
```

コンポーネント（カスタム要素）

カスタム要素によるReelの実装は、https://every-layout.dev/downloads/Reel.zipからダウンロードして利用できます。

PropsのAPI

次のprops（属性）が変更された場合には、Reelコンポーネントが再描画されます。変更するには、手動でブラウザの開発者ツールを使用することも、アプリケーションの状態に基づいて変化させることもできます。

名前	データ型	デフォルト値	説明
itemWidth	string	"auto"	Reelの各項目（子要素）の幅
space	string	"var(--s0)"	Reelの各項目（子要素）間のスペース
height	string	"auto"	Reel自体の高さ
noBar	boolean	false	スクロールバーを表示するかどうか

例

■ カードスライダー

この例では、カードの幅は20remになっています。Reelでは、水平方向のスペースは必要に応じて用意されるため、固定幅を使用できます。カードの中身のテキストとインライン要素は折り返しによって処理されるため、カードは下方向へ伸び広がります。

```
<reel-l itemWidth="20rem">
  <box-l>
    <stack-l>
      <!-- カードのコンテンツ -->
    </stack-l>
  </box-l>
  <box-l>
    <stack-l>
      <!-- カードのコンテンツ -->
    </stack-l>
  </box-l>
  <box-l>
    <stack-l>
      <!-- カードのコンテンツ -->
    </stack-l>
  </box-l>
  <!-- 無数に続く -->
</reel-l>
```

■スライド可能なリンク

スクリーンリーダーに対してコンポーネントをリストとして出力するために、role="list"とrole="listitem"を使用していることに注意してください。ナビゲーション領域ではこのようにするのが通例です。

```
<reel-l role="list" noBar>
  <div role="listitem">
    <a class="cta" href="/path/to/home">ホーム</a>
  </div>
  <div role="listitem">
    <a class="cta" href="/path/to/about">私たちについて</a>
  </div>
  <div role="listitem">
    <a class="cta" href="/path/to/pricing">価格</a>
  </div>
  <div role="listitem">
    <a class="cta" href="/path/to/docs">ドキュメント</a>
  </div>
  <div role="listitem">
    <a class="cta" href="/path/to/testimonials">お客さまの声
</a>
  </div>
</reel-l>
```

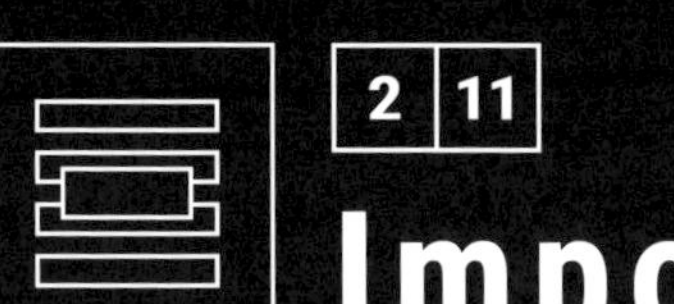

2 | 11

Imposter

問題

CSSにおいて、positionプロパティのrelative、absolute、fixedのいずれかを使って位置指定をすることは、Webレイアウトを「マニュアルオーバーライド」するようなものです。自動レイアウトを取り止めて、自らの手で対応することになるからです。民間航空機の操縦と同じように、これはごくまれな状況を除いて、引き受けたいと思うような責務ではありません。

ブラウザの標準的なレイアウトアルゴリズムから遠ざかる危うさについては、「Frame」の節で警告しました。

「position: absoluteを指定すると、その要素はドキュメントの本来のフローから除外されます。まるでその周りの要素が存在しないかのようにレイアウトされるのです。ほとんどの場合、これは非常に望ましくないことで、コンテンツ同士が重なったり見づらくなったりといった問題を引き起こしやすくなります。」

しかし、コンテンツの上に別のコンテンツを覆い被せて、あえて見えなくしてしまいたい場合はどうでしょうか。23分以上もWeb開発に携わっている人なら、ダイアログ要素や「ポップアップ」、独自ドロップダウンメニューの組み込みですでに経験済みでしょう。

Imposter要素の目的は、汎用的な重ね合わせ要素をあなたのレイアウト集に追加することです。これによって、ビューポートやドキュメント、または特定の「位置指定コンテナ」要素において、任意の要素を中央配置できるようになります。

解決策

要素を垂直方向に中央配置する方法はたくさんありますし、水平方向に中央配置する方法はもっと豊富です（Centerレイアウトの一部としていくつか紹介しています）。しかし、他の要素やコンテンツの上に要素を重ねつつ、中央配置ができる方法は限られています。

これらに同時に対処できるアプローチは、CSSグリッド※1 を使うことです。いったんグリッドを構築してしまえば、グリッドのライン番号に従ったコンテンツの配置ができるようになります。フロー※2 の概念から解放されて、どこでも好きな場所に要素を重ね合わせられます。

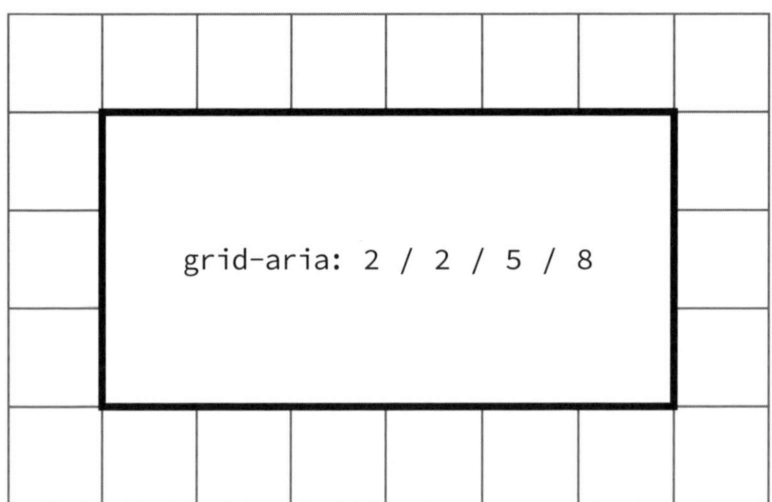

ソース内の順序とレイヤー

グリッドラインに沿ってコンテンツを配置するにしても、positionプロパティを使うにしても、どの要素がどの要素の上に表示されるかは、デフォルトではソース内の順序によって決まります。つまりふたつの要素が同じ空間を共有している場合、ソース内で最後になる要素が上に重なって表示されます。

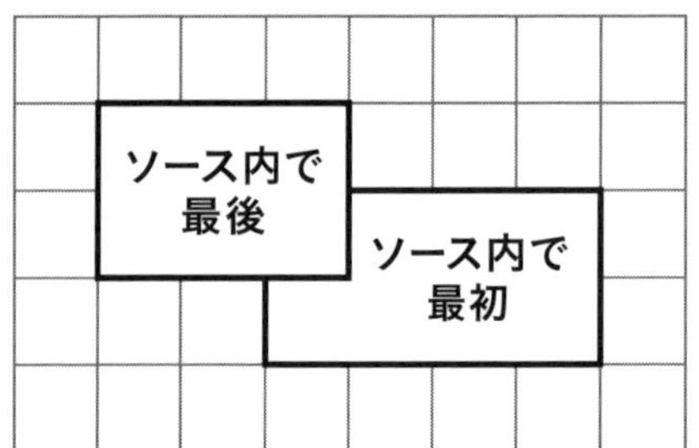

好きなグリッドラインに沿って要素を配置できるので、デフォルトではレイヤーの上に重なる、ソース内の順序としては後になる要素を、縦軸方向の上部に置くこともできます。

※1. **Overlapping Grid Items - mastery.games** ▶ Gridを使用して、コンテンツ同士を重ね合わせる方法についての解説です。 https://mastery.games/post/overlapping-grid-items/

※2. **In Flow and Out of Flow - CSS: Cascading Style Sheets | MDN** ▶ 位置指定を利用して、フローから独立したレイアウトを構築する方法についての解説です。 https://developer.mozilla.org/en-US/docs/Web/CSS/CSS_Flow_Layout/In_Flow_and_Out_of_Flow

> これはよく見落とされることで、レイヤーを設定するためにはposition: absoluteにz-indexが必須だと思っている人もいます。しかし実際には、ソース内の順序と関係なく重ね合わせたい場合を除いてz-indexは必要ありません。これもまた一種のオーバーライドですから、できるだけ避けるようにしてください。
>
> 激しくせめぎ合い、増大していくz-indexの値にはうんざりするものの、CSSを使用するうえでは対処しなければならない問題のひとつとしてよく挙げられます。しかし筆者はz-indexの問題に直面する機会はほとんどありません。位置指定をめったに用いませんし、用いてもソース内の順序に気をつけているからです。

CSSグリッドは普遍的な解決策にはなりません。これが機能するためには、位置指定を用いる要素にあらかじめdisplay: gridが指定されており、列(column)と行(row)がちょうどいい数になっていないといけないからです。もっと柔軟な方法が必要です。

位置指定

要素は次の3つのうちのいずれか(以降は「位置指定コンテキスト」と呼びます)に対して配置できます。

1. **ビューポート**
2. **ドキュメント**
3. **祖先要素**

要素をビューポートに対して相対的に配置するには、position: fixedを使用します。ドキュメントに対して相対的に配置するには、position: absoluteを使用します。

明示的に位置指定されている祖先要素(以降は「位置指定コンテナ」と呼びます)に相対指定することもできます。位置指定を実現するための最も簡単な方法は、祖先要素にposition: relativeを指定することです。こうすると、祖先要素の位置を動かしたり、ドキュメントのフローから外したりすることなく、局所的な位置指定コンテキストを設定できます。

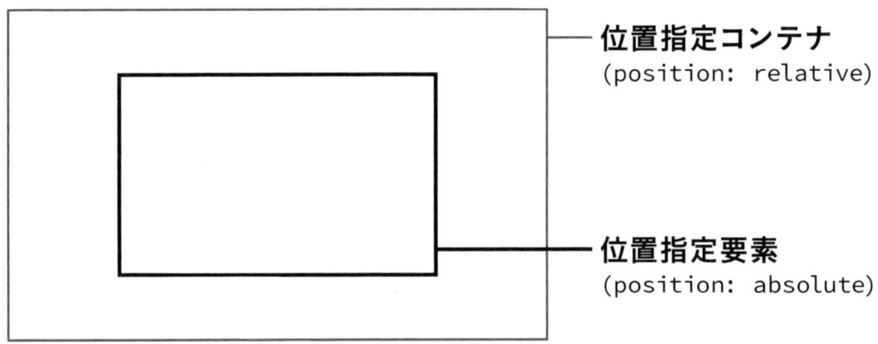

staticはpositionプロパティのデフォルト値なので、値を再設定する以外ではほとんど見ることも使うこともありません。

中央配置

Imposter要素を、ドキュメントやビューポート、位置指定コンテナの中央に配置するにはどうすればよいでしょうか？　位置指定される要素の場合、margin: autoやplace-items: centerのような手法は通用しません。topにleft、bottom、rightプロパティのいずれか、もしくは、その組み合わせを用いた「マニュアルオーバーライド」が必要です。重要なのは、これらプロパティの値は直接の親要素ではなく、位置指定コンテキストに関係していることです。

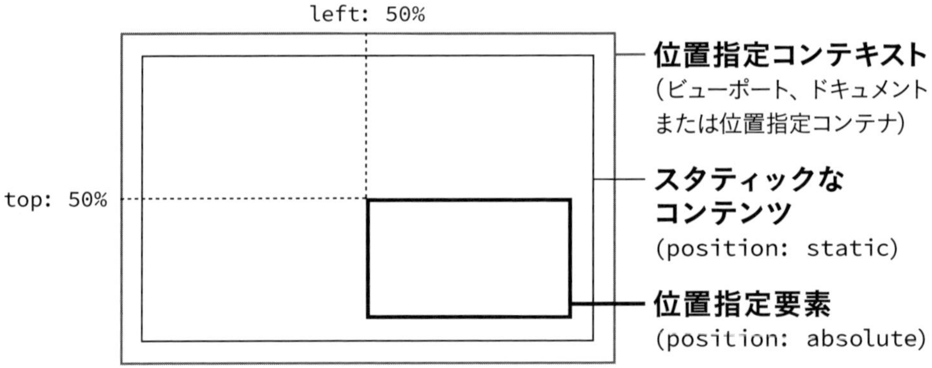

staticはpositionプロパティのデフォルト値なので、ほとんど見ることも使うこともありません。

これではまだ不十分です。要素自体ではなく、要素の上隅が中央に来てしまっています。要素のwidthがわかっている場合はネガティブマージンを使って調整できます。たとえば幅40remで高さ20remの要素を中央に移動するには、margin-left: -20rem、margin-top: -10remとできます（このネガティブ値は常に要素のサイズの半分です）。

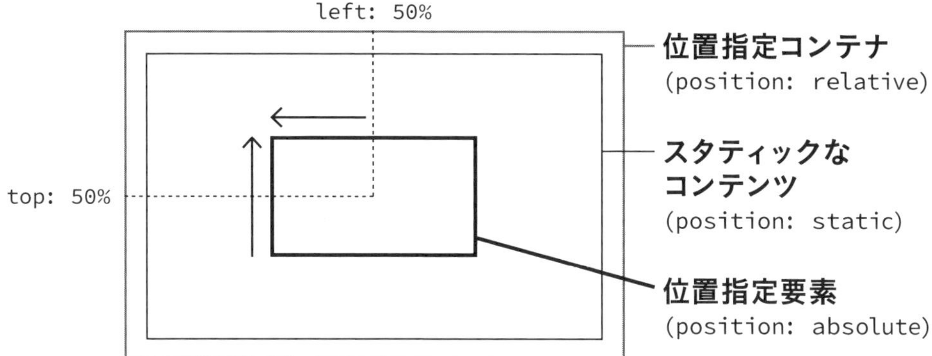

Every Layoutでは、サイズのハードコーディングを避けています。位置指定と同様に、利用可能なスペースに応じて要素を配置するブラウザのアルゴリズムが機能しなくなってしまうからです。要素の幅を固定するようにコーディングすると、その要素やコンテンツは、誰かの端末で見られなくなってしまう可能性が多分にあるのです。それだけでなく、要素の幅や高さが事前にわからない場合もあります。そのため、マージンにどれだけのネガティブ値を指定すればよいかも見当がつきません。

そこで、あるレイアウトをデザインするのではなく、「レイアウトを実現するための」デザインをします。最終的な決定権はブラウザに委ねるのです。ここで重要なのが、トランスフォームの使用です。trasnformプロパティでは、要素は自身のサイズを基準に配置されます。実際にどのくらいのサイズであるかにかかわらずです。つまりtransform: translate(-50%, -50%)と指定すると、要素の位置は「自身」の幅と高さのそれぞれ-50%分だけ移動します。事前に要素のサイズを知っておく必要はありません。代わりにブラウザが計算してうまくやってくれるからです。

そのため、位置指定コンテナの上に要素を重ね合わせて、要素のサイズにかかわらず中央配置するのはかなり簡単なことです。

```
.imposter {
  /* ↓ 左上の角を中央に配置 */
  position: absolute;
  top: 50%;
  left: 50%;
  /* ↓ 要素の中央が位置指定コンテナの中央になるように位置変更 */
```

```
  transform: translate(-50%, -50%);
}
```

ここでの注意点として、position: absoluteが設定されているImposter要素は、ブロックレベルであっても、要素の書字方向（通常は左から右の水平方向）に沿って利用可能なスペースを占有しなくなります。要素はその代わりに、インラインであるかのようにコンテンツを収縮して包み込みます。

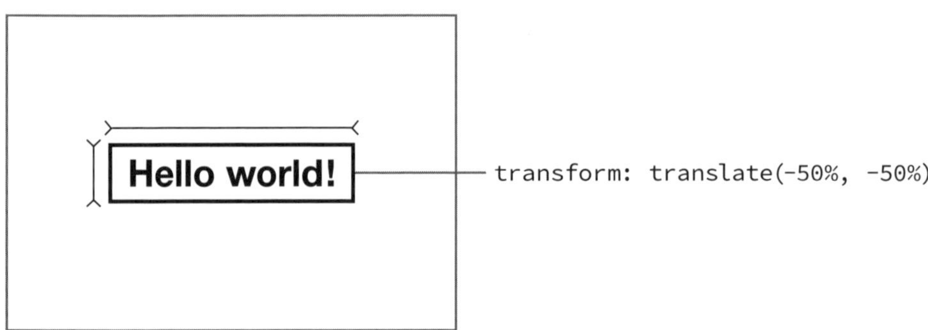

基本的に要素のwidthは50%になりますが、要素のコンテンツが位置指定コンテナの50%未満しか占有しないのであれば、それより狭まります。widthまたはheightを明示的に追加した場合、その指定は受け入れられつつ、要素は引き続き位置指定コンテナの中央に配置されます。内部的な移動（translation）アルゴリズムが要素のサイズを参照するためです。

はみ出し

位置指定されたImposter要素の幅や高さが、位置指定コンテナよりも大きくなる場合はどうすればよいでしょうか？　慎重な設計とコンテンツのキュレーションを行って余裕のある許容範囲を設ければ、ほとんどの状況ではみ出しを防げるはずです。しかし防ぎ切れないこともあります。

このままではImporter要素は、位置指定コンテナの縁から突き出て、コンテナの周りにあるコンテンツに覆い被さってしまう恐れがあります。次の図では、Imposterの高さが位置指定コンテナを超えています。

max-widthとmax-heightはそれぞれwidthとheightを上書きするので、制作者が特定のサイズ（または最小サイズ）を設定したとしても、確実に要素を位置指定コンテナ内に収められます。あとは、収縮された要素のコンテンツをスクロール表示できるようにするためにoverflow: autoを追加するだけです。

```
.imposter {
  position: absolute;
  top: 50%;
  left: 50%;
  transform: translate(-50%, -50%);
  overflow: auto;
  max-width: 100%;
  max-height: 100%;
}
```

マージン

Imposter要素と位置指定コンテナの内側の縁との間に、最低限の隙間（スペースでもマージンでも好きに呼んでください）を確保できたほうが望ましい場合もあるでしょう。これは、位置指定コンテナにパディングを追加すれば実現できそうに思えますが、次のふたつの理由により不可能です。

1. **位置指定コンテナにスタティックなコンテンツが挿入された際に、望ましい見た目にならない可能性があります✎。**

2. 絶対（absolute）位置指定はパディングを考慮しません。Imposter要素はパディングを無視し、その上に重なってしまいます。

> **監訳者注**
> 位置指定コンテナの内側の縁とスタティックなコンテンツとの間に
> 隙間を作りたくない場合もあることを意味しています。
> Imposterはその位置指定コンテナのレイアウトに関心を持つものではないため、
> 隙間の有無を決めるのはImposter自身の問題ではありません。

代わりに、max-widthとmax-heightの値を調整するとしましょう。このような調整を行うにはcalc()関数が特に便利です。

```
.imposter {
  position: absolute;
  top: 50%;
  left: 50%;
  transform: translate(-50%, -50%);
  overflow: auto;
  max-width: calc(100% - 2rem);
  max-height: calc(100% - 2rem);
}
```

この例では、四辺すべてに最小で1remの隙間が設けられます。2remの値を指定しているのは、各辺から1remずつを引くためです。

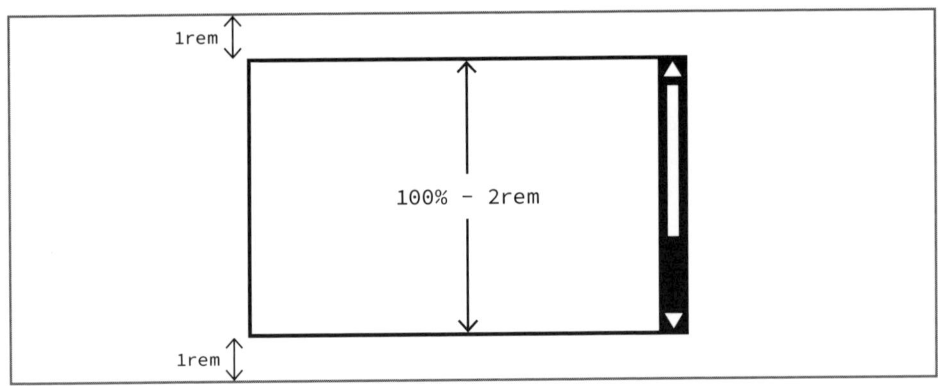

固定(fixed)位置指定

Imposterを、ドキュメントやドキュメント内の要素(位置指定コンテナ)ではなく、ビューポートに対して相対的に固定したい場合は、position: absoluteをposition: fixedに置き換える必要があります。これはダイアログに適しています。多くのダイアログは、ユーザーに操作されるまでの間、ドキュメントをスクロールしても追従して表示され続けるものだからです。

次の例ではImposter要素に、--positioningカスタムプロパティをデフォルト値のabsoluteとともに設定しています。

```
.imposter {
  position: var(--positioning, absolute);
  top: 50%;
  left: 50%;
  transform: translate(-50%, -50%);
  overflow: auto;
  max-width: calc(100% - 2rem);
  max-height: calc(100% - 2rem);
}
```

Every Layoutサイトのブログ記事「Dynamic CSS Components Without JavaScript ※3」で紹介していますが、必要に応じて、このデフォルト値はstyle属性によってインラインで上書きできます。

```
<div class="imposter" style="--positioning: fixed">
  <!-- imposterのコンテンツ -->
</div>
```

続くカスタム要素による実装では、同等の仕組みはブーリアン値のfixed propにより実現されます。fixed属性を追加すると、デフォルトである絶対位置指定を上書きします。

※3. Dynamic CSS Components Without JavaScript: Every Layout ▶ https://every-layout.dev/blog/css-components/

⚠ 固定配置とShadow DOM

positionにfixedを指定すると、通常、要素はビューポートを基準に配置されます。つまり位置指定コンテナの候補となる要素（位置指定された祖先要素）は無視されるということです。

しかしshadowRoot ※4のホスト要素は、入れ子になったドキュメントとして扱われます。したがって、Shadow DOM内でposition: fixedを指定された要素は、ビューポートではなくshadowRootのホストを基準に配置されます。実質的には、そのホスト要素が、これまでの例でいう位置指定コンテナになります。

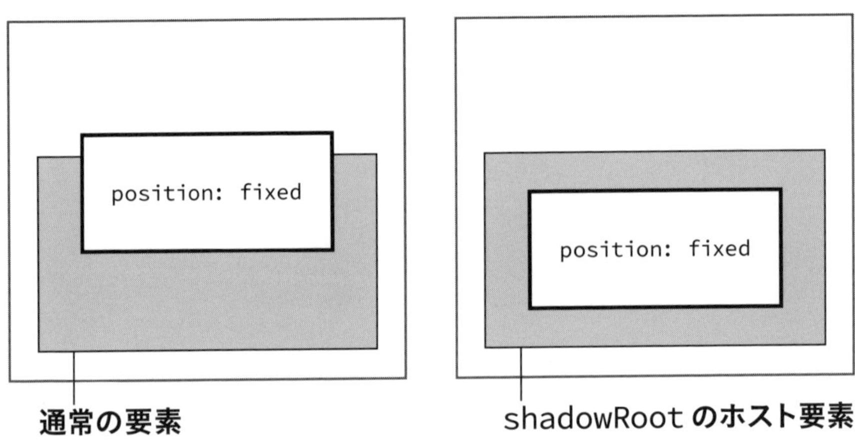

使い方

意図的にコンテンツを隠したいときは、Imposterパターンが役に立ちます。たとえば、あるコンテンツがまだ利用できる状態になっていないという場面で、Imposterを使って、コンテンツのロックを解除するCTA（行動喚起）ボタンをレイアウトすることができます。

※4. ShadowRoot - Web APIs | MDN ▶https://developer.mozilla.org/en-US/docs/Web/API/ShadowRoot

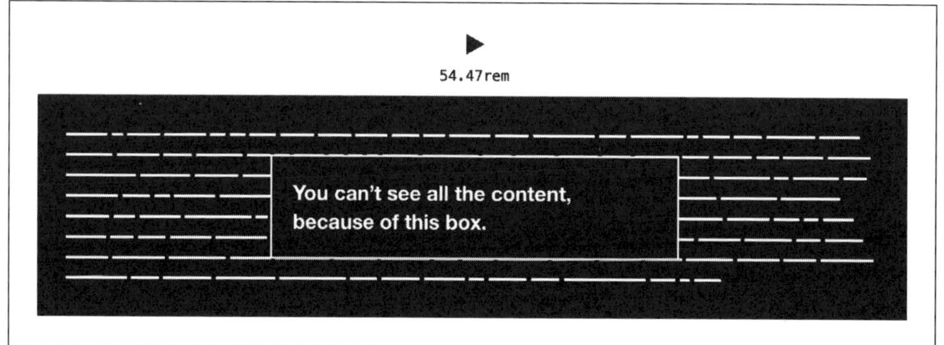

このインタラクティブなデモは、https://every-layout.dev/demos/imposter-over-text/でご覧になれます。

コンテンツを完全に見せる必要がない場合に、装飾的な効果をImposterに持たせることもあるかもしれません。

また、Imposterを使用してダイアログを作成する場合には、アクセシビリティへの配慮、特にキーボードのフォーカス管理に注意してください。Inclusive Components ※5 のダイアログの章では、これらの考慮事項について詳しく説明されています。

実装例

Imposterレイアウトを実装するための完全なコード例を紹介します。.containを使用した場合では、要素を位置指定コンテナ内に抑えることではみ出しに対処するようになります。

CSS

```
.imposter {
  /* ↓ 位置指定の方法を選択 */
  position: var(--positioning, absolute);
  /* ↓ 左上の角が中央になるように配置 */
  top: 50%;
  left: 50%;
  /* ↓ 要素の中央がコンテナの中央になるように位置変更 */
```

※5. **Inclusive Components: The Book**▶著者のヘイドン氏による、インクルーシブなコンポーネントを実装するための方法をUIパターンごとに解説した書籍です。 https://book.inclusive-components.design/

```
  transform: translate(-50%, -50%);
}

.imposter.contain {
  /* ↓ 単位を含めないとcalc関数が無効になってしまう */
  --margin: 0px;
  /* ↓ コンテンツが隠れてしまわないようにスクロールバーを提供する */
  overflow: auto;
  /* ↓ 要素と位置指定コンテナ間のスペースつまりマージンも含めて、高さと幅を制限 */
  max-width: calc(100% - (var(--margin) * 2));
  max-height: calc(100% - (var(--margin) * 2));
}
```

HTML

Imposter要素はrelativeまたはabsoluteで位置指定された祖先を持つ必要があります。これが位置指定コンテナとなり、その上に.imposter要素が重なり合って配置されます。次の例では、<div>にインラインスタイルでposition: relativeを指定して使っています。

```
<div style="position: relative">
  <p>スタティックなコンテンツ</p>
  <div class="imposter">
    <p>重ね合わされるコンテンツ</p>
  </div>
</div>
```

コンポーネント(カスタム要素)

カスタム要素によるImposterの実装は、https://every-layout.dev/downloads/Imposter.zipからダウンロードして利用できます。

PropsのAPI

次のprops（属性）が変更された場合には、Imposterコンポーネントが再描画されます。変更するには、手動でブラウザの開発者ツールを使用することも、アプリケーションの状態に基づいて変化させることもできます。

名前	データ型	デフォルト値	説明
breakout	boolean	false	位置指定コンテナから要素がはみ出してもよいかどうか
margin	string	0	（breakoutが適用されていない場合に）要素が配置される位置指定コンテナの内側の縁と要素との間にできる最小の余白
fixed	boolean	false	要素をビューポート基準に配置するかどうか

例

■デモの例

「使い方」で使用したコードです。重ね合わされている兄弟コンテンツにaria-hidden="true"が使用されている点に注目してください。この重ね合わされているコンテンツは、視覚的には読み取れない（少なくともほとんど隠れている）ため、スクリーンリーダーでも読み上げられないようにします。

```
<div style="position: relative">
  <p aria-hidden="true"><!-- 重ね合わされるコンテンツ --></p>
  <imposter-l>
    <box-l style="background-color: var(--color-light)">
      <p class="h4"><strong>このボックスがあるので、コンテンツ全体を
見ることはできません。</strong></p>
    </box-l>
  </imposter-l>
</div>
```

■ダイアログ

ARIA属性のrole="dialog"を指定すると、スクリーンリーダーにImposter要素をダイアログとして伝えることができます。もっとシンプルに、Imposterの内側に<dialog>を配置してもかまいません🖉。ここではImposterにfixedを指定して、絶対配置から固定配置に切り替えています。これにより、ドキュメントがスクロールされても、ダイアログはビューポートの中心に留まります。

🖉監訳者注
<dialog>にはデフォルトでposition: absoluteが設定されているため、<imposter-l>の中に配置する際には明示的にposition: staticで上書きする必要があります。

```
<imposter-l fixed>
  <dialog aria-labelledby="message">
    <p id="message">太陽が出ました、決断のときです！</p>
    <button type="button">はい</button>
    <button type="button">いいえ</button>
  </dialog>
</imposter-l>
```

2 12 Icon

問題

Every Layoutのレイアウトコンポーネントのほとんどは、いわば「ブロックコンポーネント」です。ブロックレベル ※1 のコンテキストを設定して、その制御下にある子要素のレイアウトに作用するものです。「ボックス」の節で述べたように、displayの値がblockかflex、gridのいずれかである要素は、それ自体がブロックレベルです（flexとgridについては、子要素に対して特別な方法で影響を与えるという点において違いがあります）。

この節では、かなり小さなレイアウトを紹介します。アイコンです。カスタム要素がデフォルトのinline表示モードになる、初めてのレイアウトです。

要素を整列させたり見た目を整えたりするうえで、「インライン」というものは不安定な存在です。アイコンに関していえば、次のような気がかりがあります。

- アイコンとテキストの間のスペース。
- アイコンの高さとテキストの高さの関係性。
- アイコンとテキストの垂直方向の位置揃え。
- テキストがアイコンの前ではなく、後ろに来る場合はどうなるか？
- テキストのサイズを変更するとどうなるか？

基本的なアイコン

まず、SVGのアイコンについて簡単に説明します。Webにおいて、SVGはアイコンの形式の「デファクトスタンダード🖉」です。次のコードをご覧ください。

※1. Block-level elements - HTML: HyperText Markup Language | MDN ▶ https://developer.mozilla.org/en-US/docs/Web/HTML/Block-level_elements

監訳者注

「事実上の標準」を意味する用語であり、標準化機関などが定めたものではなく、結果的に広く採用された技術などを指します。

```
<svg viewBox="0 0 10 10" width="0.75em" height="0.75em"
stroke="currentColor" stroke-width="2">
  <line x1="1" y1="1" x2="9" y2="9" />
  <line x1="9" y1="1" x2="1" y2="9" />
</svg>
```

このコードでは、単純なバツ印のアイコンを定義しています。主な特徴について見てみましょう。

- `viewBox`：SVGの座標系を定義します。`0 0`の部分は「左上の角から計算する」という意味で、`10 10`はSVGという「キャンバス」に対して水平方向に10と垂直方向に10の座標を与えることを意味します。アイコンが正方形のスペースを占めるようにしたいので、正方形を定義しています。
- `width`と`height`：アイコンのサイズを設定します。em単位を使用していること、そして`0.75em`に設定している理由については後ほど説明します。ひとまず、幅と高さはCSSではなくSVGに設定していることに注目してください。CSSの読み込みが失敗した場合でも、アイコンは小さくなるようにしておきたいためです。ほとんどのブラウザにおいて、デフォルトではSVGはかなり大きく表示されてしまうのです。
- `stroke`と`stroke-width`：これらのプレゼンテーション属性によって、`<line />`要素が目に見える形になります。CSSで記述したり上書きしたりもできますが、あまりよく使う方法でもないので、やはりHTMLの属性として記述するほうがよいでしょう。
- `<line />`：`<line />`要素によって単純な線が描画されます。例では、左上から右下に、続いて右上から左下に線を引きます（バツ印になります）。`0`と`10`ではなく、`1`と`9`を使っているのは、線の`stroke-width`が2に設定されていることに合わせた調整です。そうしなければ、SVGの「キャンバス」から線がはみ出してしまいます。

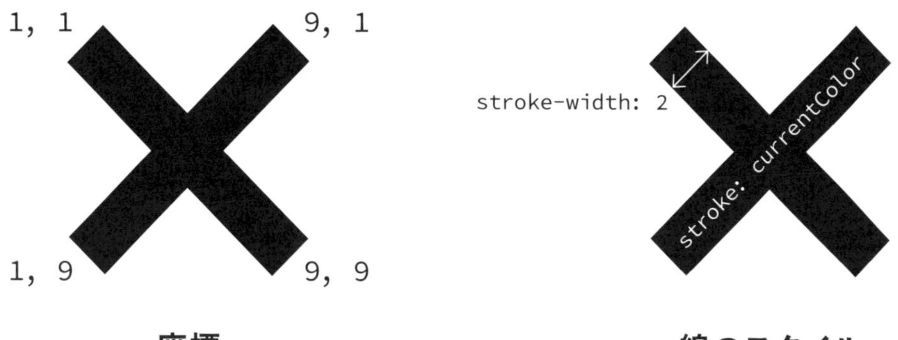

他にもさまざまな方法で同じようなバツ印を描画できます。最も効率的なのは、<path />要素を使った方法でしょう。パスを使うと、すべての座標をひとつのd属性に指定できます。M記号は各線の始点の座標を示すものです。

```
<svg viewBox="0 0 10 10" width="0.75em" height="0.75em"
stroke="currentColor" stroke-width="2">
  <path d="M1,1 9,9 M9,1 1,9" />
</svg>
```

このくらい簡潔なSVGデータであれば、<img />を使ってSVGのsrcファイルを参照するよりも、「インライン」に組み込んだほうが断然よいでしょう。

利点としては、HTTPリクエストを省けることに加え、たとえば前述の例のようにcurrentColorの使用ができます。このキーワードを使えば、インラインのSVGに祖先要素のテキストのcolorを指定できます。次の例では、アイコンは<use>要素によって読み込まれており、単一のicons.svgファイルに<symbol>として定義された多くのアイコンのうちひとつが参照されています（つまりHTTPリクエストが発生します）。この方法でSVGデータを参照している場合でも、currentColorの手法は有効です。

```
<svg class="icon">
  <use href="/images/icons/icons.svg#cross"></use>
</svg>
```

いずれにしても、SVGは効率的かつ「スケーラブル」な形式で、PNGのようなラスター画像よりもはるかにアイコンに適しています。アイコンフォントが抱えるアクセシビリティ上の問題※2もありません。

必要なのは、正方形のアイコンに対応したSVGキャンバスを作成し、テキストとのシームレスな連携を最小限の手動の設定で行えるようにする方法です。

解決策

垂直方向の位置揃え

前述のcurrentColorの説明にもあるように、本書では、アイコンをテキストのように扱い、できるだけシームレスにテキストに添えるようにします。幸いなことに、SVGはデフォルトで、文字であるかのようにテキストのbaselineに配置されます。

高さのあるアイコンには、vertical-align: middleが使用できると思われるかもしれません。しかし、大方の予想とは裏腹に、この場合に基準となるのは、フォントの垂直方向の中央ではなく、フォントの「小文字」の垂直方向の中央です。そのため、おそらく望ましい結果にはならないでしょう。

vertical-align: baseline

vertical-align: middle

高さのあるアイコンの垂直方向の配置を調整するためには、おそらくvertical-alignプロパティに長さを指定することになるでしょう。この長さはベースラインから上方向への距離を表しており、負の値を取ることもできます。

vertical-align: -0.125em

※2. Seriously, Don't Use Icon Fonts - Cloud Four▶アイコンフォントが利用しているユニコード文字が意図せずスクリーンリーダーによって読み上げられてしまうほか、フォールバックがうまく行われないなどの問題を紹介しています。 https://cloudfour.com/thinks/seriously-dont-use-icon-fonts/

本書のIconレイアウトでは、アイコンはベースライン上に乗せるように配置します。これが最も堅牢なアプローチなのです。アイコンがベースラインよりも下にはみ出していると、テキストが折り返された場合に被さってしまう可能性があります。

高さを合わせる

ベースラインを基準とした場合のアイコンの適切な高さは、フォントの大文字と小文字の使い方や、ディセンダー ※3 の有無によって多少変わってきます。特に、文字がすべて小文字で、かつディセンダーが含まれる場合には、バランスが悪く見えます。

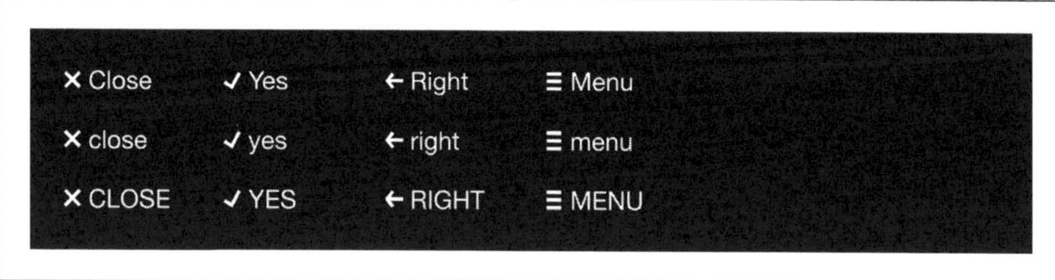

このインタラクティブなデモは、https://every-layout.dev/demos/icon-casings/でご覧になれます。

この知覚的な問題を緩和するには、最初の文字は常に大文字にして、大文字の大きさにアイコンの大きさを揃えるようにすればよいでしょう。

しかし、アイコンを実際のフォントの大文字の大きさに合わせるとなると、また別の問題が出てきます。`1em`を指定すればよいと思われるかもしれませんが、それではほとんどの場合うまくいきません。`1em`はフォント自体の高さのほうに近いのです。特定のフォントを使ったテキストをテキスト選択してみると、フォントの高さはたいていその大文字よりも大きいことがわかります。言い換えれば、`1em`というのは文字のメトリクスではなく、フォントのメトリクスに対応しているのです。

筆者の検証では、より大文字の高さに近いのは`0.75em`でした。そのため、バツ印のプレゼンテーション属性にはそれぞれ`0.75em`を指定します。これによって、`viewBox`で設定された正方形を形成します。

※3. **Descender - Typography Deconstructed**▶ディセンダーの解説です。ディセンダーは、アルファベットのベースラインよりも下に出ている部分を指します。 https://typedecon.com/blogs/type-glossary/descender/

```
<svg viewBox="0 0 10 10" width="0.75em" height="0.75em"
stroke="currentColor" stroke-width="2">
  <path d="M1,1 9,9 M9,1 1,9" />
</svg>
```

✕ Close　✕ Close　✕ Close　✕ Close

使用しているフォントは左から、Arial、Georgia、Trebuchet、Verdana。`0.75em`のアイコンはそれぞれの大文字の高さと一致しています。

まだ新しいcap単位[※4]を使用できれば、より正確にフォントの大文字の高さに揃えられるようになります。しかし現時点ではほとんどのブラウザにサポートされていないので、本書のCSSではフォールバックとして`0.75em`を使用します。

```
.icon {
  height: 0.75em;
  height: 1cap;
  width: 0.75em;
  width: 1cap;
}
```

制作者がプレゼンテーション属性を省略した場合に備えて、CSSでも`0.75em`の値を指定しておいたほうがよいでしょう。

筆者のアンディが「Relative sizing with EM units[※5]」で述べたように、アイコンはテキストに合わせて拡大・縮小がされるようになっています。`0.75em`は、コンテキスト上の`font-size`と相対的な値になっています。次のコードをご覧ください。

```
.small {
  font-size: 0.75em;
}

.small .icon {
  /* アイコンの高さは自動的に0.75 * 0.75em になる */
```

※4. **cap unit § CSS Values and Units Module Level 4**▶cap単位のドラフトです。本書の執筆時点では、cap単位をサポートしているブラウザは存在しません。 https://drafts.csswg.org/css-values/#cap
※5. **Relative sizing with EM units - Piccalilli**▶https://piccalil.li/tutorial/relative-sizing-with-em-units/

```
}

.big {
  font-size: 1.25em;
}

.big .icon {
  /* アイコンの高さは自動的に1.25 * 0.75em になる */
}
```

✕ Close ✓ Yes ← Right ☰ Menu

✕ Close ✓ Yes ← Right ☰ Menu

✕ Close ✓ Yes ← Right ☰ Menu

このインタラクティブなデモは、https://every-layout.dev/demos/icon-sizes/でご覧になれます。

小文字の高さに合わせる

アイコンに合わせるテキストを小文字にする場合では、アイコンの高さは小文字に揃えたほうがきれいに収まるでしょう。これには、現時点ですでに、小文字の「x」の高さを基準とするex単位が採用できます。その場合、小文字表記を強制してもよいでしょう。

```
.icon {
  width: 1ex;
  height: 1ex;
}

/* これがアイコンの親要素または祖先要素である想定 */
```

```
.with-icon {
  text-transform: lowercase;
}
```

アイコンとテキスト間のスペース設定

アイコンのスペース設定をどのように管理するか決めるためには、柔軟性と効率を秤にかけなければなりません。デザインシステムにおいては、規則性と一貫性が守られるという意味で、柔軟性のなさがよしとされる場合もあります。

バツ印のアイコンを、ボタン要素内で「Close」というテキストの隣に配置した場合について考えてみます。

```
<button>
  <svg class="icon">...</svg> Close
</button>
```

SVGとテキストノードの間にあるスペース文字（厳密にはUnicodeのコードポイントU+0020）に注目してください。これによって、アイコンとテキストの間に目に見えるスペースができますが、このスペースは調整ができません。ソース上で同じスペース文字を連続させても、ブラウザによって単一のスペース幅まで切り詰められてしまうので効果はありません。しかし、このスペースの大きさは、同じコンテキストにおける単語間のスペースと同じなので、このほうが都合がよいのです。というのも、本書ではアイコンをテキストのように扱っているためです。

アイコンで単純にスペース文字を使用することには、他にもいくつかの利点があります。

1. **アイコンだけが単独で表示されている場合には、ソース上でスペース文字が残っていたとしても目に見えるスペースができません（ボタン内にスペースができると不均等に見えてしまいます）。この条件でもスペースは切り詰められます。**
2. **`dir`属性に`rtl`（右から左）の値を指定すると、アイコンの表示位置を左から右に入れ替えられます。その場合、テキストの方向がスペースも含めて逆になるので、ア**

イコンとテキストの間のスペースが維持されたままになります。

```
<button dir="rtl">
  <svg class="icon"></svg> Close
</button>
```

dir="ltr"

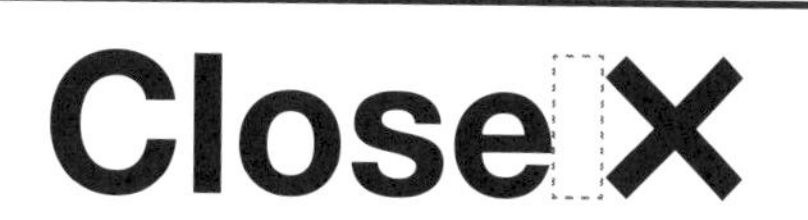

dir="rtl"

特注のスタイルを記述して任意のクラスに適用するよりも、HTMLの基本的な機能を使ってデザインを実現するほうが賢いやり方です。

スペースの長さを制御したければ、複雑性が増加して再利用性が低下することを受け入れなければなりません。そのためにはまず、既存のスペースを取り除くために、アイコンにフレックスコンテキストを設定する必要があります。次のコードでは、.with-icon要素にinline-flexのコンテキストを設定しています。

```
.icon {
  height: 0.75em;
  height: 1cap;
  width: 0.75em;
  width: 1cap;
}

.with-icon {
  display: inline-flex;
  align-items: baseline;
}
```

displayのinline-flexの値は、その名の通りフレックスコンテキストを生成しますが、コンテキストを作成している要素自体はインラインとして表示されます。

inline-flexを使用することで、スペースを取り除き、マージンだけでスペースあるいは隙間を設定できるようになります。

✕Close ✕Close ✕Close

通常のスペース　display: inline-flex　マージンによる設定

後はマージンを追加しましょう。スペース文字からできるスペースと同じように、常に正しい位置に設定されるにはどうすればよいでしょうか？　テキストの前である左側にアイコンがある場合、margin-left: 0.5emを指定すればうまくいきます。しかし、dir="rtl"を指定すると、マージンは右側に残ったままで、間違った側に隙間ができてしまいます。

この場合の正解は、CSSの論理プロパティ ※6 を使用することです。margin-topにmargin-right、margin-bottom、margin-leftはいずれも「物理的」な方向と配置に関係していますが、論理プロパティは「コンテンツ」の方向を尊重します。「ボックス」の節で述べたように、これはフロー方向や書字方向によって異なるものです。

今回は、アイコン要素にmargin-inline-endを指定します。これによって、テキストの方向に従って要素の「後ろ」にマージンが適用されるようになります。

```
.icon {
  height: 0.75em;
  height: 1cap;
  width: 0.75em;
  width: 1cap;
}

.with-icon {
  display: inline-flex;
  align-items: baseline;
}
```

※6. CSS Logical Properties and Values - CSS: Cascading Style Sheets | MDN ▶ https://developer.mozilla.org/en-US/docs/Web/CSS/CSS_Logical_Properties

```
.with-icon .icon {
  margin-inline-end: var(--space, 0.5em);
}
```

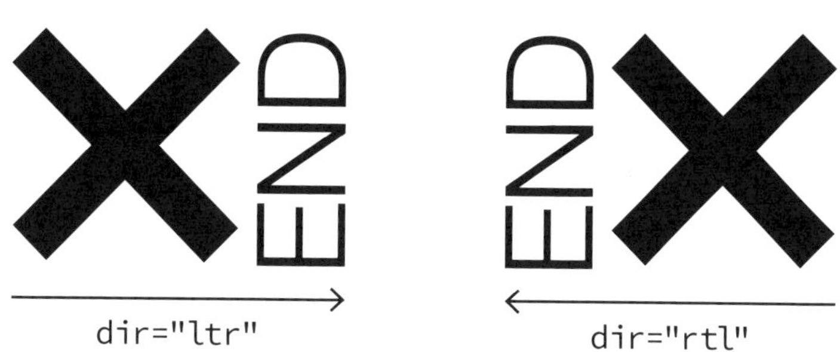

このように柔軟なスペース設定ができるアプローチにも、ひとつ欠点が残ります。それは、テキストが指定されていない場合でもマージンが適用されてしまうことです。:only-childの使用によって単独の要素を対象にすることはできても、残念なことに「テキストノードを伴わない」単独の要素を対象にすることはできません。そのため、CSSだけでマージンを取り除くことができないのです。

代わりに、with-iconクラスを削除することができます。このクラスは、marginによるスペースの設定を行うだけのものだからです。そして、削除した場合に残るスペース文字は、前述したように自動的に切り詰められます。この後のカスタム要素による実装では、space propが指定されている場合のみ<icon-l>がinline-flexの要素となり、スペース文字は削除されます。

使い方

アイコンを見たことはありますよね？　最もよく目にするのは、ボタンコントロールやリンクの一部として使用されているもので、視覚的な手がかりとなってラベルを補います。また、アイコンのみを使ったコントロールも一般的です。前述したバツ印のアイコンのように、よく知られたアイコンや記号ならこれでも問題ありませんが、なじみの薄いアイコンにはテキストの説明を付け加えたほうがよいでしょう。少なくとも、インターフェイスを使い始めて間もない段階では必要です。

（目に見える）テキストのラベルが存在しない場合でも、何らかの形でスクリーンリーダーでは認識できるラベルを提供することが重要です。そのためには次のような方法があります。

1. **テキストのラベル（たいてい**<span>**で提供される）を視覚的に非表示にする。**
2. <svg>**に**<title>**を追加する。**
3. **親の**<button>**要素に直接**aria-label**を追加する。**

このコンポーネントでは、<icon-l>にlabel propを追加すると要素自体を画像として扱うため、role="img"とaria-label="[labelの値]"が適用されます。スクリーンリーダーで、ボタンまたはリンクの外に配置された<icon-l>に出くわすと、画像やグラフィックとして認識され、aria-labelの値が読み上げられます。<icon-l>がボタンまたはリンクの中に配置されている場合、画像という役割（WAI-ARIAロール）は読み上げられません。この擬似的な画像要素は、単なるラベルとして扱われます。

実装例

Iconレイアウトを実装するための完全なコード例を紹介します。

HTML

<use>要素 ※7 を使用することで、外部のicons.svgファイルからアイコンを埋め込めます。

```
<span class="with-icon">
  <svg class="icon">
    <use href="/path/to/icons.svg#cross"></use>
  </svg>
  Close
</span>
```

※7. <use> - SVG: Scalable Vector Graphics | MDN ▶ https://developer.mozilla.org/en-US/docs/Web/SVG/Element/use

CSS

with-iconクラスが必要になるのは、通常のスペース文字を削除して、代わりにmarginを使用したい場合のみです。

```
.icon {
  height: 0.75em;
  /* ↓ capがサポートされている場合には、emの値を1capで上書きします */
  height: 1cap;
  width: 0.75em;
  width: 1cap;
}

.with-icon {
  /* ↓ スペース文字を削除するためにinline-flexコンテキストを設定します
*/
  display: inline-flex;
  align-items: baseline;
}

.with-icon .icon {
  /* ↓ 論理マージンプロパティを、フォールバック付きの--space変数とともに使用します */
  margin-inline-end: var(--space, 0.5em);
}
```

Every Layoutサイトにあるブログ「Dynamic CSS Components Without JavaScript ※8」で紹介していますが、spaceの値は要素自体のstyle属性を使用して宣言的に調整できます。

```
<span class="with-icon">
  <svg class="icon" style="--space: 0.333em">
    <use href="/images/icons/icons.svg#cross"></use>
```

※8. Dynamic CSS Components Without JavaScript: Every Layout ▶ https://every-layout.dev/blog/css-components/

```
  </svg>
  Close
</span>
```

コンポーネント（カスタム要素）

カスタム要素によるIconの実装は、https://every-layout.dev/downloads/Icon.zipからダウンロードして利用できます。

PropsのAPI

次のprops（属性）が変更された場合には、Iconコンポーネントが再描画されます。変更するには、手動でブラウザの開発者ツールを使用することも、アプリケーションの状態に基づいて変化させることもできます。

名前	データ型	デフォルト値	説明
space	`string`	`null`	テキストとアイコンとの間のスペース。`null`の場合、通常のスペース文字が保持される。
label	`string`	`null`	支援技術において要素を画像として扱い、この値の`aria-label`を追加する。

例

■アイコンとそれに付随するテキストがあるボタン

次の例では、`<icon-l>`を使って、アイコンとそれに付随するテキストをボタンに追加しています。`<icon-l>`はボタンのアクセシブルな名前（Accessible Name）を想定しており、スクリーンリーダーでは「Close、ボタン」と読み上げられます（またはそれに相当する内容を読み上げ）。SVGはテキスト情報を提供しないため、無視されます。

この場合では、`0.5em`の明示的なスペース、つまりマージンが設定されています。

```
<button>
```

```
  <icon-l space="0.5em">
    <svg>
      <use href="/images/icons/icons.svg#cross"></use>
    </svg>
    Close
  </icon-l>
</button>
```

■アイコンのみのボタン

テキストが付随しない場合、ボタンがアクセシブルな名前を提供できない危険性があります。label propを指定すれば、<icon-l>はラベル付けされた画像としてスクリーンリーダーに伝達されます（role="img"とaria-label="[propの値]"を使用します）。次にあるようなコードになります。

```
<button>
  <icon-l label="Close">
    <svg>
      <use href="/path/to/icons.svg#cross"></use>
    </svg>
  </icon-l>
</button>
```

インスタンス化されると、次のように変化します。

```
<button>
  <icon-l label="Close" role="img" aria-label="Close">
    <svg>
      <use href="/path/to/icons.svg#cross"></use>
    </svg>
  </icon-l>
</button>
```

INDEX 索引

記号

数字

アルファベット

A

B

C

D

E

さ行

た行

な行

は行

INDEX

ま行

や行

ら行

わ行

監訳者プロフィール

安田 祐平（やすだ ゆうへい）

フロントエンドWeb開発者。Web制作会社にて、コーポレートサイトやメディアサイトの受託開発に携わる。CSS設計とデザインの関係性について問題意識を抱き、デザイナーとのコラボレーションやUI開発について探求を続けている。自身のブログなどで、Web開発についての情報発信も積極的に行う。

https://yuheiy.com/
https://twitter.com/_yuheiy

横内 宏樹（よこうち ひろき）

株式会社イエソド。デザインとエンジニアリングの両側面からWebサイト制作・Webサービス開発に従事。ウェブアクセシビリティ基盤委員会（WAIC）作業部会4（翻訳）、作業協力者としても活動。システム運用からディレクション、デザイン、開発の幅広い経験を活かした設計を得意としている。

https://abroller.tech/
https://twitter.com/8845musign

レビュー協力

鈴木 丈（すずき たける）

フォントワークス株式会社にて、Webとタイポグラフィに関する研究と開発に従事。

粟屋 元太（あわや げんた）

STUDIO株式会社にて、STUDIO（studio.design）のカスタマーサポート・サクセス領域を担当。

Every Layout

モジュラーなレスポンシブデザインを実現するCSS設計論

2021年11月25日　初版第1刷発行

著者　ヘイドン・ピカリング（Heydon Pickering）、アンディ・ベル（Andy Bell）
監訳　安田 祐平、横内 宏樹
翻訳　株式会社 Bスプラウト
発行人　村上 徹
編集　佐藤 英一

発行・発売　株式会社ボーンデジタル
〒102－0074 東京都千代田区九段南1丁目5番5号　九段サウスサイドスクエア
TEL　03-5215-8671
FAX　03-5215-8667
URL　https://www.borndigital.co.jp/book/
E-mail　info@borndigital.co.jp

装丁・本文デザイン　SLOW
レイアウト　STUDIO d³（本石 好児）
印刷・製本　音羽印刷株式会社

ISBN978-4-86246-517-7
Printed in Japan